Spice up your life!

Ethnic Food

이국적인 맛과 향

에스닉푸드 이야기

지은이 임영미

🅑 (주)백산출판사

프롤로그

'에스닉푸드(Ethnic Food)'라 하면 많이 들어보고 익숙한 듯 하지만 그 개념이나 범위를 정확히 인지하고 있는 사람은 생각보다 그리 많지 않다. 특히 학교 강의나 요리수업 등에서 '에스닉푸드'에 대해 물으면 대부분의 사람들은 '에스닉푸드'가 흔히 동남아 음식만을 지칭하는 용어인 것으로 간주하며 사용하고 있는 것을 접하곤 한다.

'에스닉푸드'는 '이국적인 느낌이 나는 제3세계 민족의 고유한 음식'을 말한다고 정의를 내려주어도 많은 사람들은 제3세계의 범주와 용어가 생소해서인지 쉽게 이해하지 못한다. '에스닉푸드' 강의를 맡아오고, 또 이 책을 준비하면서 가장 먼저 고민해야 했던 것은 어떻게 하면 '에스닉푸드'의 개념을 쉽게 이해시키고 전달할 수 있을까 하는 것이었다.

본문에서 자세히 설명하겠지만 대략적으로 '에스닉푸드'를 설명하자면, '에스닉푸드'는 말 그대로 '민족'을 뜻하는 '에스닉(Ethnic)'과 '음식'을 뜻하는 '푸드(Food)'의 합성어이다. '에스닉푸드'란 용어를 처음 사용한 것은 1970년대 미국이었다. 한국학중앙연구원 한국학대학원 주영하 교수의 말에 따르면 우리나라에서는 '에스닉푸드'라는 용어가 2004년 국어사전에 처음으로 등재되었고, '에스닉푸드'는 미국이나 서양권의 입장에서 사용하기 시작한 용어로, 백인이 즐겨 먹는 음식을 뺀 아시아, 중동, 중남미, 아프리카 음식 등을 통틀어 칭하며, 에스닉푸드라는 표현은 학문적인 용어라기보다는 주로 레스토랑 등 외식업에서 통용된 용어라고 한다.

이 용어는 이후 일본에 수입되었고 일본은 자국의 일본요리와 가까운 한국과 중국, 미국과 유럽 등의 강대국 음식을 제외한 다른 민족의 음식을 '에스닉푸드'라고 불렀다〈일본의 입장〉. '에스닉푸드'라는 용어를 처음 사용한 미국의 입장에서는 우리의 한식도, 일식도, 중식도 민족성을 가진 고유한 음식인 '에스닉푸드'의 일종인 셈인 것이다〈서구의 입장〉. 우리나라의 입장에서 보자면 일식과 중식은 이미 독립된 식문화 분야로 우리 식생활 속에 깊숙이 들어와 있기 때문에 한국에서는 일식과 중식은 대개의 경우 '에스닉푸드'에 포함시키지 않고 있다〈한국의 입장〉.

이처럼 '에스닉푸드'는 자국적 입장에서 타국의 이국적인 음식을 칭하므로 그 범주가 다소 차이가 나기는 한다. 그리고 '에스닉푸드'는 엄밀히 말하면 동양인의 관점이 아닌 서구의 관점에서 음식을 분류하는 표현이라는 것을 알 수 있다.

최근 '에스닉푸드'의 개념은 국내외적으로 제3세계의 고유한 음식, 또는 다른 문화의 음식을 2가지 이상 혼합하여 입맛에 맞게 변형한 음식의 개념으로 확장되어 쓰이기도 한다(이 책 서두에서 '에스닉푸드'의 용어를 먼저 설명한 것은 이 책 전반에 걸친 이해를 돕기 위함이다).

전 세계적으로 '에스닉푸드'의 관심이 고조되는 이유는 '에스닉푸드'를 나타내는 중요 키워드가 Fresh + Refresh + Healthy로서, 저칼로리 영양식이기 때문이다. 에스닉푸드는 오랜 전통과 함께 해온 균형잡힌 건강한 식단의 음식이다.

'에스닉푸드'는 지속될 전망성이 매우 높고, 조리와 외식업에 종사하거나, 식문화적, 교양적인 측면에서도 공부해 두기에 매우 가치가 있는 분야라고 판단된다. 전 세계가 '에스닉푸드'에 집중되고 있음에도 불구하고 한국에는 '에스닉푸드'에 대한 자료나 정보가 부족하여 책으로 엮어보면 어떨까 하는 생각에서 출판을 계획하게 되었다.

이 책의 구성은 다음과 같다.

제1장, '에스닉', '오리엔탈리즘', '에스닉 스타일', '에스닉푸드'에 대한 정의와 개념을 정리하였고, '에스닉푸드의 특징'에 대해 다루었다.

제2장, '문화와 식문화'에 관한 내용이다. 축적과 경험으로 이루어지는 문화라는 속성 속에서, 음식은 어떻게 발전해 왔는지 이해하고, 식사예절과 상차림의 유형을 살펴 다양한 식문화를 바라보는 시각을 가져보고자 한다.

제3장, '종교와 음식', '할랄푸드(Halal Food)'에 대해 소개하였다. 에스닉푸드에 속하는 나라들의 종교별로 '금기된 것'과 '허용된 것'이 무엇인지 파악하는 것은 식문화를 이해하는 데 있어 필수적인 요소이다. 그 중에서 '할랄푸드'에 대한 내용을 좀 더 구체적으로 다루었다. 그 이유는 에스닉푸드의 많은 인구를 차지하는 이슬람교도인들의 음식인 할랄푸드가 종교적으로, 문화적으로 어떻게 다른지에 대한 이해가 필요하기 때문이다. 한국과 이슬람교를 믿는 무슬림국가와의 문화 · 경제 · 군사적 교류는 지속 발전될 전망으로, 이슬람인의 종교적 문화를 이해해야만 할랄음식에 대한 외식업계의 대처방안, 움직임, 시장

성에 새로운 시각을 가질 수 있기 때문이기도 하다. 사람이 옮겨간 곳에는 반드시 음식과 문화가 따라가기에 적극적인 자세로 그들의 문화를 수용해야 할 것이다.

제4장, '허브(Herb)와 향신료(Spice)'에 대한 이야기이다.

'에스닉푸드'에 있어 가장 큰 식재료적 특징은 '허브와 향신료'의 사용이라고 할 수 있다. '에스닉푸드'의 범주에 속하는 대다수의 나라들은 기후나 위치적으로 향신료의 주요 재배국이며, 사용 또한 보편화되어 있다. 이에 세계적으로 향신료가 역사 속에서, 생활 속에서 어떠한 역할을 해왔는지 알아보고, 동남아시아, 중동, 인도의 향신료에 대해 보다 깊이 세분화해 정리해보았다. 향신료에 대한 이해는 그들의 식문화를 이해하는 원천이 될 것이며, 음식에 있어 건강한 맛을 알고 활기를 더해줄 것이다. Spice는 '향신료', '양념을 치다', '향미를 곁들이다(더하다)'라는 의미를 가지고 있다. 최근 세계적으로 향신료가 가진 매운맛의 선호도가 급증하고 있으며 Spice up your life!(지루한 인생의 나날에 생기를 더한다!)라는 문구를 요리뿐 아닌 일상생활에서도 사용하고 있다. 향신료의 사용이 음식에 활력과 풍부함을 주는 것처럼, 어떠한 양념같은 요소를 곁들여 변화를 준다면 그것은 당신의 인생을 즐겁게 업(Up)시켜 줄 수 있다는 의미를 가진 것이다.

제5장, 대륙별, 나라별로 '에스닉푸드'를 소개하였다.

'에스닉푸드'의 많은 부분을 차지하는 아시아지역을 5대 식문화 Zone으로 분류해 정리해 보았고, 우리에게 익숙한 아시아지역 외에 중남미, 아프리카 음식까지 식문화적 역사와 특징, 나라별 대표음식과 레시피를 소개하여 '에스닉푸드'를 이해하는 데 도움을 주고자 하였다(본 책에서는 만드는 방법과 요리 Tip을 기술한 레시피는 한국적 입장에서의 외식업계 주요 시장을 차지하는 태국, 베트남, 터키, 인도, 멕시코에 한한다. 한, 중, 일 세 나라는 극동아시아의 대표적인 나라이지만 우리의 입장에서는 '에스닉푸드'에 속하지 않고 이미 대중화되어 있으므로 식문화의 특징적인 것만 간단히 소개하였다. 나라별 요리는 그 외 아시아 지역과 중남미, 아프리카에 집중되어 있다).

음식과 문화에 대한 이야기만큼 즐겁고 흥미로운 분야도 없을 것이다. 음식은 인류역사상 생존을 바탕으로 발전되어 문화와 함께 생활 깊숙이 토착화되어 왔기 때문이다. 음식의 관심분야는 음식을 만드는 방법, 조리기술, 멋지게 차려 낸 상차림, 또는 건강, 맛의 추구, 문화, 역사적 배경 등 사람마다 각자 선호하는 바가 다를 것이다. 이 책에서는 단순한 식재료와 요리법뿐만 아니라 문화적인 이야기를 더해 보다 쉽게 '에스닉푸드'를 소개하고자 하였다. 세계적 음식추이와 방향성에 있어 지금이야말로 '에스닉푸드'의 가치를 제대로 알고, '에스닉푸드'의 전반적인 식문화와 특징에 대한 정리가 필요한 시점이라고 생각한다.

이 책이 조리와 식문화를 전공하는 선후배들, 외식업체에 종사하거나 창업을 준비하는 분들의 식문화적 식견을 넓혀주길 바라고, 혹은 맛집을 찾는 미각 노마드족이나 해외여행자들에게도 외식이나 여행 시 미처 알지 못했던 식재료의 쓰임새와 효능을 알고 먹을 수 있는 실용서가 되길 바라며, 음식문화를 이해할 수 있는 교양지침서가 되길 바라는 마음으로 집필에 전념했다. 아직은 다소 낯설고 미개척 분야인 제3세계권의 음식, 에스닉푸드가 여러분의 요리와 인생에 활기와 신선함을 더해주길 희망한다.

이 책은, 아직 '에스닉푸드' 분야에 관한 변변한 서적이 없어 필자가 그간 배워오고 직접 경험하고 공부해 온 내용을 정리해 담았고, 많은 식문화를 탐구해온 선배님들의 강의와 저서들을 바탕으로 삼았다. 미흡한 점이 없진 않지만 식문화 공부를 위해서건, 교양을 위해서건, 여행준비를 위한 필요에 의해서건, 이 책을 집어든 독자들이 신선함으로 식문화와 조리법을 탐구하며 한 장 한 장 페이지를 열어갈 생각을 하니 사뭇 가슴 설레인다.

무더운 날씨 속에 태국, 베트남, 몰디브 등 재래시장을 함께 하며 식재료 공부에 도움을 준 가족들과 친구들, 다소 고된 요리인생의 희노애락을 함께 하는 박영미·박지형, 한양여대 외식산업학과와 배화여대 전통조리학과 교수님들과 어여쁜 제자들, 순수하고 뜨겁게 빛나는 눈빛으로 사진자료 찾느라 고군분투해준 김지영·최희용, 잊지 못할 격려로 응원해준 김세중 위원님과 세정·연승·호숙, 세계 곳곳 향신료의 생생한 이야기로 시야를 넓혀 주신 우리나라 에스닉푸드의 1세대 주자이신 세계음식여행가 백지원 선생님, 식문화의 즐거움을 주신 강지영 선생님·음식평가교육개발원 이윤화 원장님, 직접 찍은 제3세계 음식사진을 제공해주신 북스쿡스의 정영순 대표님, 그리고 어려운 출판업계의 환경 속에서도 다양한 요리책을 만들며 음식문화 발전에 지대한 공헌을 하고 있는 (주)백산출판사에 감사의 마음을 전한다.

지은이 임영미

추천사

으스스한 겨울바람을 피해 들어갔던 뉴욕의 태국식당이 생각납니다. 오래전 일인데도 그때 먹었던 똠얌꿍을 아직도 잊을 수가 없습니다. 당시 똠얌꿍 국물은 양식으로 허해진 속을 달래주고 추위를 풀어주면서 고향을 태국으로 해도 될 것 같은 기분까지 잠시 들게 했습니다. 그때부터 똠얌꿍을 만드는 방법과 안에 들어가는 식재료가 무척 궁금해지기 시작했습니다. 식재료나 조리법, 향신료에 대한 책 한 권쯤 숙독하고 먹었더라면 똠얌꿍 한 모금의 의미가 더 달라졌을 거란 생각이 듭니다.

최근 몇 년 사이에 아시아음식 열풍으로 일식, 중식 등 친숙한 외국 음식을 넘어서서 태국 커리, 베트남 분짜, 인도 마살라, 터키의 케밥, 멕시코의 타코 등 이국적인 음식들이 우리의 생활 속으로 많이 다가오고 있습니다. 즉 세계의 식생활을 경험하는 폭이 무척 넓어졌습니다. 하지만 한 나라의 음식에 대해 다소 깊은 질문을 받으면 고개를 갸우뚱할 때가 많습니다. 한국인이라면 음식을 만들 줄 모르는 사람일지라도 고춧가루, 된장, 마늘, 깨 등을 늘 보며 살아왔기 때문에 된장찌개, 북어조림을 보기만 해도 그 안에 어떤 재료가 들어있는지 바로 가늠할 수 있습니다. 하지만 중동의 후무스나 태국의 그린커리 속에 들어간 오묘한 맛과 향의 재료를 찾는 것은 그리 만만치 않고 먹으면 먹을수록 궁금증은 더욱 유발될 때가 많습니다.

그리고 요즘은 해외여행이 빈번해지다 보니 단순한 투어를 넘어서서 '음식'이라는 창을 통해 그 나라를 이해하고자 하는 이들도 꽤 많아지고 있습니다. 한 나라의 음식을 들여다보면 단순한 음식에의 이해를 넘어서서 지역의 역사, 종교, 삶의 습관까지 알게 되는 경우도 적잖게 있습니다.

현 시기에 출간된 임영미의 「이국적인 맛과 향, 에스닉푸드」 책은 요리에 관심 있는 이들은 물론 해외여행을 떠나는 사람, 호기심 많은 미식가에게 요긴한 식(食)교과서가 될 것으로 보여집니다.

특히 임영미 필자는 평소 요리를 가르치면서 집에서 요리하는 집밥 예찬론자이기도 합니다. 여기에 다양한 에스닉 식문화권의 발효소스와 향신료, 나라별 요리법까지 공부하면서 음식을 알고 먹길 권하고 있습니다. 직접 경험한 축적의 시간이 녹아있고 살아가는 지구촌의 다양한 먹거리 이야기까지 실었습니다. 이러한 노력은 한 그릇 음식이 주는 인간의 행복과 앎의 풍성함을 생각할 때 무척 고마운 일입니다.

시대의 음식트렌드에 앞서고 싶은 이들에게는 더욱 권하고 싶은 책입니다.

이윤화
(다이어리알 대표이사/음식평가교육개발원 원장)

차례

에스닉(Ethnic)과
에스닉푸드(Ethnic Food)

에스닉(Ethnic)과 에스닉푸드(Ethnic Food)

1. 에스닉(Ethnic)의 정의와 개념

1) 에스닉(Ethnic)이란?

'에스닉(Ethnic)'의 사전적 의미는 '민속적이며 토속적인 양식'을 뜻한다. 이는 민족 특유의 문화가 깃든 의상이나 음악, 요리 등에 주로 사용된다.

에스닉이란 언어는 라틴어의 에스니커스(Ethnicus), 그리스어의 에스니코스(Ethnikos)에서 유래되었다. 에스닉은 신체적 요인, 역사적 요인, 문화적 요인, 자연적 요인에 따라 각 민족 집단이나 국가에서 공통적으로 공유하며 타 문화와 뚜렷이 구별되는 독특한 양식을 뜻한다. '에스닉(Ethnic)'은 '민족'을 뜻하는 영어 단어로 특히, '마이너리티(Minority)', 즉 '소수민족(少數民族)'을 가리키기도 한다. 에스닉(Ethnic)이란 용어를 처음 사용한 것은 1970년대의 미국이다.

■ 소수민족

여러 민족으로 이루어진 나라에서 지배적 세력을 가진 민족에 비해 인구가 상대적으로 적고 언어나 관습이 다른 민족을 뜻한다.

2) '에스닉(Ethnic)'의 바탕이 되는 문화사조, 오리엔탈리즘(Orientalism)

동양, 곧 오리엔트는 동쪽 땅을 뜻하며, 14세기에 프랑스 고어에서 영어로 이입된 단어이다. 오리엔트는 서구인에게 불가사의하고 신비에 싸인 땅으로 오래 전부터 여겨져 왔다. 라틴어 '오리리(Oriri)'는 '떠오르다'를 뜻하며 그 파생어 '오리엔스(Oriens)'는 '떠오르는'을 의미하는데, 태양은 동쪽에서 떠오르기 때문에 고대 서양인들은 해가 뜨는 방향, 즉 지중해 동쪽 지역을 '오리엔스(Oriens)'라고 불렀다.

서구적(西歐的) 시각 내지 유럽 중심주의에 입각하여 서구인들이 동양에 대해 갖고 있다고 주장되는 사고(思考) · 인식(認識) · 표현(表現)의 일정한 방식을 가리키는 개념인 '오리엔탈리즘(Orientalism)'은 서양 사람들이 동양의 신비한 문화에 대해서 궁금해 하며 알아내려고 했던 사조로서, 19세기 서양에서 일어난 문학적, 예술적인 운동의 하나이다.

18세기 바로크와 로코코 시대에는 서양의 귀족들이 동방의 물품을 들여와 수준 높은 취향을 뽐냈다. 중세 후반에는 마르코 폴로 등의 탐험가들에 의한 대항해 시대가 열리면서 서양에는 인문적이고 고전적인 '전근대적 오리엔탈리즘'의 바람이 불었다. 사실 이슬람 세계의 십자군 시대에도 동방의 문화에 대한 취향을 보였는데, 그래서 '오리엔탈리즘'의 출발을 14세기부터라고 말하기도 한다.

유럽인들이 아메리카 대륙을 발견하고 사하라 이남의 아프리카를 탐험하기 전까지 그들에게 알려진 외부 세계는 북아프리카와 동쪽의 이슬람 국가들뿐이었다. 십자군 원정을 통해 '우리'와 '그들'을 나누는 경계가 생겨났고, 나중의 탐험 시대에 동방 세계가 유럽인들의 세계와 종교적, 문화적, 인종적으로 얼마나 다른지를 알게 되면서 '동양'의 개념이 보다 명확하게 확립된 것이다. 이로 인해 동방을 신기하고 이상한 것들로 가득 찬 세계로 인식하는 '오리엔탈리즘(Orientalism)'이 출현하게 되었다. 본인들의 생활양식과는 완전히 다른 생활양식은 그들에게 큰 충격이었고, 그 당시 사람들은 재밌는 동양의 물품을 일부 본인들의 것과 접목시키기도 했는데, 문화에도 많은 영향을 주었고, 미술, 문학, 건축, 음악 등의 예술분야 또한 마찬가지였다.

회화에서는 낭만주의에서 상징주의까지 모네, 마네, 마티스, 고갱 등의 화가가 지적호기심으로 새로운 것을 추구하며, 동남아시아나 일본의 회화 기법을 과감히 받아들이는 변혁의 기틀을 제공하였다. 문학에 있어서는 1704년에 번역된 갈랑(Galland)의 '천일야화'

초판이 출간되었을 때, 프랑스인들에게 동양은 주로 회교국으로서 이국적인 자연과 삶의 묘사 덕분에 시정어린 세계, 신비의 세계로 부각되었다. 그것은 곧바로 샤토브리앙을 거쳐 네르발, 고티에와 보들레르까지 동방을 체험한 시인이자 작가들의 예술작품을 통한 프랑스인의 생각과 시선의 표상이 되기도 하였다. 음악에 있어서는 푸치니가 동양에 대한 사랑을 오페라에 담아냈다.

이처럼 '오래된', '신비스런'의 이미지를 가진 동양적인 오리엔탈리즘에 매료된 대표적인 역사 속 인물로는 루이 16세의 왕비였던 마리 앙투아네트(Marie-Antoinette)를 들 수 있다. 마리 앙투와네트는 미지의 것, 신비로움을 주는 동양적인 가구나, 소품, 장신구 등을 즐겨 동양적인 느낌의 의상과 장식을 하고 초상화를 그리기도 했다고 전해진다.

19세기의 오리엔탈리즘은 북아프리카와 터키, 아랍, 그리고 오스만 제국의 문화에 대한 관심을 주로 일컫는다. 중세 오리엔트에서 영향을 받아 프랑스에서의 오리엔탈리즘은 다른 어떠한 양식과도 차별된 모습을 보여주었다. 앵그르, 델라크루아, 알렉상드르 가브리엘, 유젠, 르누아르 그리고 20세기 초의 마티스나 피카소까지, 많은 화가와 작가들은 그들의 작품을 통해 방대한 오리엔탈리즘을 나타냈다. 이러한 풍조는 사회의 다른 영역에도 영향을 끼쳐서, 부르주아와 귀족들의 살롱이나 장식 무도회에 오리엔트의 판타지와 색상을 사용하기도 하였다.

(1) 오리엔탈 에스닉(Ethnic Oriental)

미지의 세계에 대한 끝없는 호기심을 가진 서방의 모험가들은 동방의 문화를 받아들이고 재해석하여 그들만의 방식으로 표현하기도 했다. 이러한 콘셉트는 '에스닉(Ethnic)'으로 분류된다. 에스닉 콘셉트는 중국, 인도, 인도네시아 등의 아시아 나라뿐 아니라 아프리카, 루마니아 등 전 세계적으로 다양한 나라들의 전통도 포함된다. 패션을 주도하는 프랑스 파리의 오리엔트에 대한 관심은 현대에까지 이어져 '오리엔탈 에스닉(Ethnic Oriental)'이란 용어를 동방의 나라들의 전통문화로부터 가져온 콘셉트를 나타낼 때 사용하고 있다.

■ 오리엔탈리즘(Orientalism)

• 서양사람들이 동양의 신기한 문화에 대해서 궁금해 하고 알아내려고 했던 사조를 뜻함.
• 19세기 서양에서 일어난 동양의 정신문화를 고양하는 문학적, 예술적인 운동의 하나임.

오리엔탈리즘(Orientalism)이란 개념 자체가 '서양의 동양에 대한 인식'이라는 폭넓은 의미로 받아들여진 것은 1978년 에드워드 사이드(Edward Wadie Said, 1935~2003)가 펴낸 『오리엔탈리즘』이라는 책이 계기가 되었다.

(2) Ethnic 용어의 사용

오랜 기간 동안 사용했던 오리엔탈리즘은 냉전 이후 20세기 말부터 지리학적 동양을 포함한 중동, 중남미, 아프리카 같은 이국적인, 이교도의, 이방인의, 민족의 의미를 포괄하는 나라에 '에스닉(Ethnic)'이라는 표현으로 사용되기 시작하였다. 다시 한 번 정리하면 오리엔탈리즘이나 에스닉의 표현은 모두 동양의 관점이 아닌 서구의 시각에서의 분류이자 정의라고 할 수 있다.

오리엔탈리즘으로 과거 동양, 서양을 바다라는 지리적 차원에서 규정하던 것에서 에스닉이라는 용어를 사용하면서 독특한 문화를 이루는 중남미, 아프리카 지역을 포함하였고, 동양보다는 더 큰 범위의 이국적이고 이질적인 풍토를 표현하는 중용적인 신조어로 사용되기 시작한 것이다. 이는 세계 속에 분포된 다양한 민족과 함께 발전한 그들만의 전통적인 양식을 포함하는 용어로서 문화, 음식, 패션, 문양, 소재, 건축양식, 인테리어 등에서 신비롭고 이국적인 이미지의 상징으로 사용되고 있다. 최근에는 음악분야에서도 에스닉뮤직, 에스닉재즈, 에스닉팝이라는 말이 생겨나기도 했다.

3) 에스닉 스타일(Ethnic Style)

우리 생활에서 '에스닉'이라는 용어는 에스닉푸드뿐만 아닌 의상, 페브릭, 건축, 인테리어, 가구, 소품, 액세서리 등의 분야에서도 자주 사용되고 있다. 특히 패션에서는 '에스닉 스타일'이 독립된 한 분야로 자리매김하고 있다. 본 파트에서는 독특하고도 이국적인 에스닉 스타일에 대한 이해를 돕고자 에스닉의 이미지와 색채, 색상패턴, 소재, 문양 등을 소개하고자 한다. 에스닉 스타일에 대한 기초적인 이해는 음식에만 국한되지 않고 옷을 입거나, 집을 꾸미고, 액세서리를 고르는 등 우리의 일상생활에서도 유용하게 쓰일 것이다. 요리 일을 하거나 푸드 스타일링을 공부하고, 그 분야에서 활동하는 사람이라면 음식을 매치하거나 소품 선택, 스타일링, 테이블 셋팅을 할 때 센스 있는 색채배열을 할 수 있을 것이고, 주조색과 보조색, 강조색을 배열함이 용이해질 것이다. 외식산업체에서 종사하는 사람에게는 주제 및 콘셉트를 기획하고 상품패키지나 식당 인테리어를 하는 데에도 필요한 내용이다.

(1) 에스닉 패션

이국적 취미와 민속풍 취향의 패션감각, 이민족들이 입는 패션을 뜻한다. 주로 도시문명이 발달하기 전의 염색스타일, 그 시대의 직물, 그 시대의 자수 등이 힌트가 된 소박한 느낌을 강조한 디자인이다.

(2) 색채에서의 에스닉 이미지

에스닉 패션은 특히 중세 유럽 기독교도 이외의 민족풍 패션을 가리키는 경우가 많은데, 이질적인 색을 내기 위해서 깊이 있는 색을 주로 사용한다. 1970년대 이후 동양적인 느낌이 강한 에스닉 룩이 많은 디자이너에 의해 발표되었다.

(3) 에스닉 색상패턴

채도가 높고 어두운 색(암청색)은 오래된 역사의 이미지를 표현하는데 효과적이며, 갈색톤의 배색을 섞어 풍토적인 이미지를 강하게 부여한다. 여기에 약간의 콘트라스트(대조)를 부여하면 약동감을 얻을 수 있다.

패션에서는 집시룩, 오리엔탈룩, 아라비안룩, 엔틱룩, 레트로룩에서 에스닉 색채이미지와 색상패턴을 주로 사용하여 에스닉스러운 이미지를 만들어낸다.

(4) 에스닉 소재

전통적인 직물의 소재는 자연환경에서의 영향을 받아 그 문화의 지리적 위치에 따른 풍토와 기후에 따라 좌우되며 생활문화와도 밀접한 관련이 있다.

우리에게는 익숙한 일본의 기모노, 우리나라의 한복이나 색동저고리도 타국의 입장에서는 지극히 에스닉스러운 이미지의 소재나 패턴으로 보이는 것이다. 액세서리 및 소재에 있어서도 민족 고유의 천연염색, 직물, 자수 등에서 영감을 얻은 민족의상이 갖는 독특한 색이나 소재, 수공예적 디테일을 볼 수 있고, 상아로 만든 팬던트나 가면, 나무로 만든 액세서리를 사용하기도 한다.

① 중국의 비단
② 한국의 전통 천 모시, 천조각 보자기 조각보
③ 아프리카의 전통 천 키텡게(색과 패턴이 화려하고 두껍고 뻣뻣하다.)
④ 인도네시아 & 발리의 전통 천 바틱

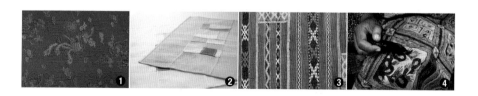

■ 재미있는 영화 속 의상이야기. 영화 '블랙팬서(Black Panther)'

영화 '블랙팬서'는 아프리카의 토속문화와 퓨처리즘(Futurism)의 환상적인 분위기가 적절히 섞여 러닝타임 내내 시각적 즐거움을 선사한 SF영화이다.

속도감과 박진감을 주는 스토리와 전개, 음악과 함께 높은 완성도를 보여주었지만 이 영화에서 주목할 만한 것은 바로 '의상'이었다.

아프리카의 화려한 색채와 패턴, 보석장식의 옷깃과 소매, 아프리카 부족의 문자, 문신, 상징문양 등을 연구해 디테일을 살린 비브라늄 슈트, 구슬이나 장신구의 정교함, 모피를 둘러 원시적인 분위기를 풍기도록 하는 방식으로 패션에서의 '에스닉스러운 이미지'를 이채롭게 살려낸 영화이다. 이 영화에서는 역할과 각 부족에 맞게 컬러를 다르게 배치해 사용하였으며, 영화 의상팀은 아프리카 전통복식에 기본을 두고 전 세계에서 아프리카 전통재질이나 소재로 만든 드레스, 보석을 찾아 모았다고 한다. 이 영화는 의상을 통해서 세계적으로 이국적인 '에스닉 이미지'에 대한 이채로운 관심을 신선하게 해석해 주었다.

■ 에스닉 문양

민족의 고유한 문양은 그 나라의 전통문화와 종교의 상징적 의미가 내포되어 있으며, 서로 다른 독특한 이미지를 갖고 있기 때문에 지역의 문화적 특성이 잘 나타난다. 에스닉 문양을 대표하는 형태는 상징적이며 기하학적인 문양, 연속문양, 인간과 동물, 추상적 문양(중국, 인도, 한국) 등이 있다.

✻ 나라별 전통문양

1 중국: 용 문양

2 인도: 헤나아트

3 한국: 꽃, 풍경, 십장생

4 이슬람국가: 아라베스크(아라비아풍)

5 아프리카: 동물, 신화적 패턴

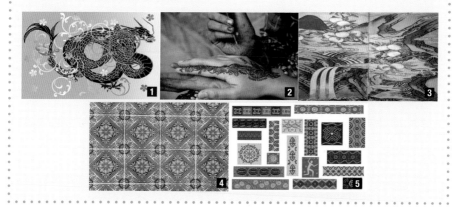

2. 에스닉푸드(Ethnic Food)의 정의와 개념

1) 에스닉푸드(Ethnic Food)란?

에스닉푸드는 민족을 의미하는 '에스닉(Ethnic)'과 음식을 뜻하는 '푸드(Food)'가 결합된 신개념의 말로서, 각 국가별 전통 재료나 조리방법을 활용한 음식을 통틀어 일컫는다. 미국, 유럽권의 음식을 제외한 제3세계권 음식을 뜻한다.

> ■ **제3세계 국가**
>
> 냉전시기 때 사용되었던 개념으로 제1세계는, 미국과 서유럽을 중심으로 한 자본주의 국가들을 뜻하고, 제2세계는, 소련과 동부유럽을 중심으로 한 공산주의 국가들, 제3세계는, 제2차 세계대전 이후 소련 러시아편과 미국(서방권)편 양친세력으로 나뉘었을 때 아시아와 아프리카처럼 자본주의, 공산주의 어느 양쪽에도 끼지 않는 중립국가들을 뜻한다.
>
> 다시 말하여 제3세계 국가란 강대국의 정치적, 경제적 노선에 동참하지 않은 나라로서, 공산주의나 민주주의에 가담하지 않고 독자적인 길을 걷는 국가를 뜻하는 것이다. 아시아지역(극동아시아, 동남아시아, 중앙아시아, 남부아시아, 남서아시아), 중동, 중남미, 아프리카 대륙의 국가들이 이에 해당된다.

에스닉이라는 용어로 사용되는 지역과 문화는 나라별로 다소 차이를 두고 있으나 한중일, 아시아지역, 중동, 중남미 잉카문명, 아프리카 등을 들 수 있다. 주목할 점은 이 나라들의 공통점이 비기독교적 문화권이라는 사실이다.

2) 서구문화에서 바라본 '에스닉푸드'

앞에서 언급한 바와 같이 2004년 우리나라 국어사전에도 오른 '에스닉푸드'란 용어를 처음 사용한 것은 1970년대 미국이었다. 미국의 주류인 백인이 즐겨 먹는 음식을 뺀 아시아, 중동, 중남미, 아프리카 음식을 통틀어 그들은 '에스닉푸드'라 불렀는데, 학문적인 용어라기보다는 주로 레스토랑 등 외식업에서 통용되어 사용하였다.

보통 미국 내 에스닉푸드는 크게 4가지로 분류되는데 히스패닉, 아시안과 인도, 아랍, 동유럽 음식 등이다(일반적으로 동유럽은 에스닉푸드의 범주에 포함시키지 않으나, 미국에서는 유럽 내에서 독립한 민족국가인 크로아티아, 슬로베니아, 보스니아, 세르비아 등의 동유럽 국가를 에스닉푸드의 범주에 포함시킨다).

■ **히스패닉(Hispanic)**

스페인어를 사용하는 중남미 출신의 백인과 그에 준하여 구분되는 혼혈인, 주로 미국에 거주하는 라틴아메리카 출신들을 가리킨다.

그러나 미국 내에서도 미국 남부에서 노예제도를 통해 태어난 아프리카계 미국인의 음식인 '소울푸드(Soul Food)'는 미국 요리의 일종이지만, 흑인들의 전통적인 서아프리카의 고유 식문화를 지닌 음식들로 대표적인 에스닉푸드의 하나로 손꼽을 수 있다. 미국 하와이에서도 같은 영토 내 음식일지라도 하와이 원주민들의 개성있고 전통있는 음식은 에스닉푸드인 셈이다.

이 용어는 그 후 일본에 수입되었고, 일본인은 일식과 미국 · 유럽 음식을 제외한 다른 민족의 음식을 에스닉푸드라고 불렀다.

이처럼 에스닉푸드의 정의는 동양인의 관점이 아닌 서구의 관점에서 바라보는 음식의 분류이다. 주로 아시아, 중동, 동유럽, 중남미, 아프리카 등지의 전통음식을 일컬었으나, 최근 서구문화권에서도 제3세계 음식에 대한 관심이 높아지며 다인종 음식의 개념으로도 쓰이고 있다. 아시아권에서도 중식, 일식, 한식, 태국식, 베트남식 같은 잘 알려진 나라의 음식보다는 그 이외의 아시아 지역과 중남미, 아프리카의 음식에 무게를 두어 사용되고 있는 추세이다.

3) 한국 내에서 인식된 '에스닉푸드'

국내에서 에스닉푸드에 대해 회자될 때 제3세계 음식하면 한국 내 많은 사람들은 중식, 일식을 제외한 베트남 등의 동남아시아 음식 정도로만 생각하고 있다. 제3세계 국가의 민족 음식이 에스닉푸드라면 우리나라 입장에서 중식, 일식도 에스닉푸드의 범주에 포함되어야 할 것이다. (한식이 제외된) 중식, 일식도 우리나라 입장에서는 에스닉푸드이지만, 이 두 나라의 음식은 우리 식생활 속에도 깊이 들어와 있어 한국 식문화 분류에서는 에스닉푸드에 포함시키지 않는다. 한국 내 에스닉푸드를 대표하는 음식은 인도 카레, 베트남 쌀국수, 태국 똠얌꿍, 멕시코 타코, 터키 음식 등이다. 세계적으로 에스닉푸드는 아시아 음식을 포함하여 소수민족의 색채가 강한 요르단, 이라크 등의 서남아시아나 중앙아시아, 중동의 음식으로 더욱 관심이 쏠리고 있는 추세이다.

4) 에스닉푸드(Ethnic Food)의 분류

미국 내 에스닉푸드 분류	한국 내 에스닉푸드 분류
아시아(한식, 일식, 중식 포함) · 중동 · 중남미 · 아프리카 · 일부 동유럽 음식	아시아(한식, 일식, 중식, 양식 미포함) · 중남미 · 중동 · 아프리카 음식

3. 에스닉푸드의 특징

에스닉푸드의 가장 큰 특징은 첫째, 허브와 같은 많은 생채소와 향신료의 사용, 둘째, 발효음료(Alcholic Beverage)와 발효음식(Fermented Food)의 발달이라고 할 수 있다. 본 장에서는 에스닉푸드 식문화권에 속하는 각국의 대표 발효음식을 소개하고자 한다.

1) 많은 생채소(허브)와 향신료의 사용[Chapter 4 참조]

2) 발효음료(Alcholic Beverage)/ 발효음식(Fermented Food)의 발달

에스닉푸드의 주된 특징 중 하나는 발효음료와 발효음식의 발달이다. 에스닉푸드 문화권에 속하는 거의 모든 지역은 발효음식의 역사가 깊으며, 이러한 발효소스를 음식의 베이스가 되는 양념으로 사용하는 특징을 가지고 있다. 발효음식의 발달은 발효음료와 발효주의 발달에서 기인했으며, 각 지역에 따라 미생물이 다르기 때문에 지역별로 다양한 발효음료와 발효음식의 양상을 보인다. 특히 아시아지역에서의 발효음료는 술, 종교에 따라 지역별로 다양성을 보여주는데, 이들 문화권은 소수민족으로 이루어진 국가들로 발효음식을 만들어왔고, 이것이 에스닉푸드를 대표하는 음식이 된 것이다.

우리나라를 포함하여 에스닉푸드를 대표하는 아시아 지역의 주요국가인 태국, 베트남만 보아도 동물성, 식물성 단백질인 생선이나 콩류를 이용하여 만든 액젓과 장류를 발효소스로 사용해 양념하는 공통된 특징을 보인다.

3) 혼합(Mixing)의 음식

에스닉푸드 존의 음식들은 여러가지 식재료를 함께 넣어 만든(Mixing) 음식들이 대부분이며, 다양한 식재료를 사용하는 특징을 가지고 있다.

4) 동물성과 식물성 식재료의 균형잡힌 식단

에스닉푸드에 속하는 국가들의 식문화적 특징은 동물성과 식물성 재료를 고루 사용한다. 이는 에스닉푸드가 건강식으로 평가되는 이유이기도 하다.

4. 에스닉푸드 존(Zone), 각국 발효음식 소개

(1) 한국 KOREA

① 김치 : 무·배추·오이 등과 같은 채소를 소금에 절이고 고추·파·마늘·생강 등 여러 가지 양념을 버무려 담근 채소의 염장발효식품이다.

② 고추장 : 메줏가루에 질게 지은 밥이나 떡가루 또는 되게 쑨 죽을 버무리고 고춧가루와 소금물을 섞어서 간을 맞춘 뒤 발효시킨 검붉은 페이스트 상의 향신조미식품으로 한국의 고유 장(醬)류의 일종이다.

③ 간장 : 메주를 황국균으로 발효시켜 소금물에 담가 숙성시키면서 함유된 성분을 충분히 우려낸 후 액을 분리하여 그대로 혹은 가열 살균한 것으로 음식의 간과 맛을 주는데 사용하는 검붉고 짠맛이 있는 한국 고유의 조미료의 일종이다.

④ 된장 : 메주로 간장을 담근 뒤에 간장을 떠내고 남은 건더기를 빻아서 소금을 넣거나, 경우에 따라 곡물을 삶아 첨가한 후 거칠게 마쇄하여 독에 넣어 숙성시켜 만든다.

⑤ 청국장 : 콩을 불리고 충분히 찐 다음 볏짚을 넣고 고온(40℃)에서 발효하면 볏짚에 있는 바실루스(Bacillus)속 균이 증식하면서 끈끈한 점성물질이 생긴다. 이 발효제품을 그냥 혹은 소금, 파, 마늘, 고춧가루를 섞어 찧어 덩어리로 만든 것을 말한다.

(2) 일본 JAPAN

① 낫토 : 삶은 콩을 발효시켜 만든 일본 전통음식으로 우리의 생청국장과 비슷하나 세균의 작용으로 끈적거리는 실이 많다. 하마 낫또, 시오까라 낫또, 이또비끼 낫또가 있다.

② 미소 : 달짝지근한 맛의 일본식 된장이다. 단기, 장기 숙성 여부와 원료에 따라 맛과 색에 있어서 차이를 보인다.

③ 소유 : 우리나라의 양조간장과 유사한 일본식 간장이다.

④ 나레즈시 : 소금을 뿌린 어육을 쌀밥에 버무려 자연발효시킨 것으로 초밥의 시초이다.

⑤ 쯔게모노 : 채소절임식품으로 우메보시(매실장아찌), 다꾸앙(단무지) 등이 있다.

⑥ 시오카라 : 일본식 젓갈이다.

(3) 중국 CHINA

① **두시** : 발효조미식품으로 용도에 따라 여러 가지 특징 있는 풍미를 지닌다. 된장, 간장에 해당하는 함두시와 청국장에 해당하는 담두시, 말린 두시인 건두시, 그리고 숙성기간이 긴 습두시 등이 있다.

② **쑤푸** : 콩 발효식품으로 조직과 풍미가 치즈와 비슷하여 '중국치즈'라고도 한다.

③ **두반장** : 발효시킨 메주콩에 고추를 넣고 갖은 양념을 하여 맵고 구수하고 진한 맛이 특징이다.

④ **굴소스** : 중국요리에 많이 쓰이는 소스 중 하나로 생굴을 소금물에 담가 발효시킨 후 맑은 물을 떠내고 걸쭉한 간장 상태로 만든다.

⑤ **피단, 송화단** : 오리 알은 대부분 숙성시켜 먹는데 숙성 방법에 따라 분류한다. (피단 : 남부식, 송화단 : 북부식)

⑥ **오룡차** : 오룡종의 차나무에서 만든 청차로 녹차와 홍차의 중간 정도의 발효로 만들어진 대표적인 발효차이다.

(4) 몽골 MONGOLIA

① **마유주** : 말젖으로 만든 알코올 도수가 낮은 발효유로 젖내와 신맛이 난다.

② **아룰** : 떡 모양으로 성형하여 건조한 숙성하지 않은 생치즈이다.

(5) 태국 THAILAND

① **토 아나오** : 썩은 콩을 의미하는 태국 북부 산악지대의 청국장류이다.

② **남플라** : 멸치과에 속하는 엔초비나 고등어과의 생선에 소금을 넣어 발효시킨 맑고 투명한 액젓(피시소스)이다.

③ **새우 페이스트** : 오래 묵혀서 먹는 장의 일종으로 냄새가 독특하고 핑크색으로부터 짙은 갈색까지 여러 색이 있다.

④ **팍 뎡** : 채소를 2~3일 또는 1~2주간 발효시킨 것으로 재료에 따라 Kong-chai(배추절임), Kiam-chai(평지절임), Hua-chai-po(순무절임), Tang-chai(양배추절임) 등이 있다.

⑤ **가피** : 새우나 보리새우를 으깨어 발효시킨 새우젓이다.

(6) 인도 INDIA

① 이들리 : 쌀가루를 이용해 만든 찐빵이다.

② 도사 : 남인도의 스낵으로, 하루 정도 발효시킨 쌀가루를 반죽해 기름에 두른 철판
에 얇게 구운 것이다.

③ 랏시 : 걸쭉한 인도식 요구르트이다.

④ 난 : 정제한 하얀 밀가루(마이다)를 발효시켜 구운 빵이다.

⑤ 스자체 : 앗사무지방의 청국장류로 삶은 콩을 바나나 잎으로 싸서 발효 후 건조시
킨다.

⑥ 아차르 : 피클의 일종으로 고추, 라임, 망고 등의 채소나 과일을 소금에 절여 발효한
음식으로 시거나 매운 맛이 난다.

(7) 부탄 BHUTAN

① 리비 잇빠 : '콩이 썩는다'란 뜻의 콩 발효식품으로 주로 조미료로 이용한다.

(8) 네팔 NEPAL

① 키네마 : 동부 산악지대에 사는 기라토족이 즐겨 먹는 청국장류의 일종이다.

(9) 필리핀 PHILIPPINES

① 푸토 : 찹쌀을 발효시켜 만든 찐빵이다.

② 타푸이 : 쌀 양조주로 최초의 독 밑에 모인 액체를 퍼내어 여과하여 마신다.

③ 아차라 : 과실산 발효식품으로 파파야절임이다.

(10) 인도네시아 INDONESIA

① 템페 : 대표적인 콩 발효식품으로 곰팡이에 의해 단단하게 만들어지는 특징이 있다.
생으로 먹지 않고, 간장을 발라 굽거나 얇게 썰어서 기름에 튀기거나 수프에 넣어
먹는다.

② 온쫌 : 땅콩이나 대두박 발효식품으로 적색과 회색이 있고 과일과 같은 향기가 나며
얇게 썰어 튀기거나 볶거나 수프에 넣어 먹는다.

(11) 베트남 VIETNAM

① 느억맘 : 바다생선을 몇 달 동안 소금에 삭혀서 만든 장(피시소스)으로 베트남의 거의 모든 요리에 들어간다.

(12) 터키 TURKEY

① 라키 : 아니스(향신료)향이 나는 터키의 토속주로 물이나 얼음을 타면 우윳빛으로 변하기 때문에 '사자의 젓'이라고도 불린다.

② 아이란 : 양젖을 발효시켜 물과 소금을 섞어 만든 신맛이 강한 음료이다.

(13) 티벳 TIBET

① 추라 : 낙타젖에서 만든 발효유에 소맥분을 섞어 건조한 고형의 제품이다.

② 챵 : 우리나라의 막걸리와 같은 전통술로 곡류를 발효시켜 만든다.

(14) 멕시코 MEXICO

① 뿔게 : 선인장으로 만든 술로 우리나라의 막걸리와 같은 색을 띠며 맛도 비슷하며 단맛이 난다.

② 떼스끼노 : 발아한 옥수수 알갱이를 물과 혼합하여 끓인 뒤 효소를 첨가하여 알코올 발효시켜 만든 음료이다.

③ 포졸 : 옥수수가루를 반죽하여 둥글게 빚어서 8일 동안 발효시킨 후 바나나 잎으로 싼 것이다.

(15) 페루 PERU

① 치차 : 우리나라의 막걸리와 비슷하나 알코올 도수가 낮은 옥수수 발효주이다.

(16) 케냐 KENYA

① 짱아 : 케냐의 캄바족의 술로 옥수수를 발효시킨 후 증류해서 만든 것으로 맛은 고량주와 비슷하다.

② 우지 : 동부아프리카 옥수수가루를 젖산발효시켜 만든 크림수프의 형태로 호리병박 등으로 마시며 아카무(Akamu)라고 불리기도 한다.

③ 우르가와 : 바나나, 사탕수수, 수수 또는 옥수수를 이용해 만든 신맛의 알코올성 음

료로, 갈색을 띠며 죽과 같은 모습이다.

④ 부사 : 서부케냐의 루오, 마라고리, 아부루히야족의 전통발효음식이다.

(17) 에티오피아 ETHIOPIA

① 인젤라 : 에디오피아의 전통 빵으로 긴 모양을 가진 팬케이크 형태이다. 곡식을 반죽한 후 3일 정도 발효시켜 만든 음식이다.

② 테이 : 왕족이나 귀족들이 마시던 벌꿀로 만든 귀한 음료로 파티나 향연 때에만 특별하게 만든 알코올음료다.

(18) 이집트 EGYPT

① 에이시 : 주식으로 먹는 빵으로 가장 보편적인 것은 정제된 밀가루 혹은 통밀로 만든 피타(Pita) 형태로 속에 여러 가지 재료를 넣으면 이집트 샌드위치가 된다.

② 키시크 : 밀과 우유를 섞어 젖산 발효 후에 지름 5~6cm의 동그란 모양으로 빚어 건조시킨 것으로 농업지역에서 대중적인 음식이다. 시리아, 요르단, 이라크, 북아프리카 등지에서도 먹고 그리스, 터키에서도 유사한 음식을 만들며 딱딱하고 갈색을 띤다.

(19) 수단 SUDAN

① 키스라 : 당밀가루를 발효시켜 만든 빵으로 고기와 채소스튜와 함께 먹는다.

(20) 가나 GHANA

① 켄키 : 옥수수가루를 반죽하여 발효시킨 후 소금 등을 첨가해 둥글게 빚거나 원통형으로 만들어 옥수수껍질로 싸서 보관하며 고기나 생선스튜 등과 함께 먹는 곡류 발효식품이다.

(21) 나이지리아 NIGERIA

① 오기 : 옥수수, 당밀, 밀로 만드는 젤리 같은 부드러운 질감과 신맛을 가진 곡류 발효식품이다.

② 라푼 : 카사바 덩이줄기를 발효시켜 조제한 미세한 분말 생산물로 물을 넣어 끓여서 죽의 형태로 먹는다.

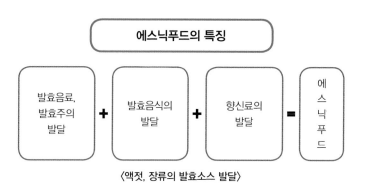

〈액젓, 장류의 발효소스 발달〉

■ 에스닉 문화권의 발효음식

국가명	발효음식
한국	김치, 고추장, 간장, 된장, 청국장
일본	낫토, 미소, 소유, 나레즈시, 쯔게모노, 시오카라
중국	두시, 쑤푸, 두반장, 굴소스, 피단, 송화단, 오룡차
몽골	마유주, 아룰
태국	토 아나오, 남플라, 새우 페이스트, 팍 덩, 가피
인도	이들리, 도사, 랏시, 난, 스자체, 아차르
부탄	리비 잇빠
네팔	키네마
필리핀	푸토, 타푸이, 아차라
인도네시아	템페, 온쫌
베트남	느억맘
터키	라키, 아이란
티벳	추라, 챵
멕시코	뿔게, 떼스끼노, 포졸
페루	치차
케냐	짱아, 우지, 우르가와, 부사
에티오피아	인젤라, 테이
이집트	에이시, 키시크
수단	키스라
가나	켄키
나이지리아	오기, 라푼

5. 에스닉푸드의 발전배경

제2차 세계대전과 산업혁명 이후 경제적인 발전과 함께 세계적인 음식으로 떠오른 음식은 서유럽국가 음식, 일본 음식, 해외 이주자들에 의해 발전된 튀기는 조리법으로 세계인의 입맛을 사로잡은 중국 음식 등이었다.

하지만 음식과 웰빙에 관심이 있는 사람이라면 '에스닉푸드(Ethnic Food)'라는 용어가 귀에 익을 것이다. 국내에서 에스닉푸드를 대표하는 인도 카레, 베트남 쌀국수, 태국 똠얌꿍, 멕시코 타코, 터키의 후무스 등은 하나같이 웰빙 음식에 속한다. 최근에는 중동이나 아프리카 같은 생소했던 나라들의 음식점들도 쉽게 접할 수 있게 되었다.

미국 베이킹 비즈니스(Baking Business)는 지난 2017년 글로벌식품 트렌드 중 하나로 에스닉푸드를 꼽았는데, 특히 동양의 '매운맛'을 내는 '소스'들이 인기를 모으고 있어, 매운맛을 가미한 치킨이나 햄버거, 심지어 라면까지 두루두루 선호도가 높아지고 있다고 밝힌바 있다.

이러한 트렌드에 발맞추어 세계의 주를 이루는 패스트푸드 회사들도 앞다투어 인도 현지인들에게 맞는 패스트푸드 메뉴 개발을 하여 인도시장에 진입하였다. 12억이 넘는 인도 인구는 전 세계 외식시장에 있어 연구개발(R&D)의 비용을 절감할 수 있는 광활한 시장이다. 자극적인 맛을 좋아하는 인도인을 위해 기존 햄버거의 맛을 탈피한 스파이시한 마살라로 양념한 닭고기버거, 향신료가 들어간 스낵류 등을 개발하였다. 인도 내에서도 육류 섭취가 늘고 있어 패스트푸드의 취식빈도가 상승하고 있지만, 이는 웰빙 바람을 타고 인도 현지의 음식들이 유럽 등 선진국으로 역진출되는 기회가 되었다. 향신료를 사용하는 아시아 음식이 저칼로리 영양식이라는 인식과 함께 매운맛의 선호도가 미국이나 유럽으로도 전해져 웰빙 음식으로 발전되고 있음을 보여주는 것이다. 이러한 시장의 변화는 제3세계의 음식을 서구에 소개하는 큰 가교의 역할을 했다.

국내에서 에스닉푸드에 대한 소비자의 관심이 높아진 것은 2000년대부터이다. 1990년대까지만 해도 서울 이태원 지역 외에선 에스닉푸드를 맛보기 힘들었다. 이때만 해도 에스닉푸드의 주 고객은 마니아나 호기심에 들른 사람 정도였다. 그러나 최근 이 같은 양상이 크게 달라져 상권이나 지역의 한계를 벗어나 젊은 소비자를 중심으로 시장이 크게 확대되고 있다.

다양성 · 웰빙을 추구하는 세대가 소비의 주축을 이루게 되면서 오랜 시간 식문화와 외식시장을 차지해왔던 한식, 중식, 양식에서 벗어난 '에스닉푸드' 전문점이 블루오션으로 떠오르며 눈에 띄게 늘고 있다. 중국과 동남아시아, 중동, 남미 등의 특별한 외식 메뉴들에 대한 관심은 외국여행과 유학 경험을 가진 이들에 의해 높아졌고, 관광이나 비즈니스 목적으로 방한하거나 국내에 거주하는 외국인이 급증하면서 저변이 크게 확대된 것으로 분석된다. 서로 다른 문화 · 음식 등을 받아들이는 풍토가 형성된 것과 소셜미디어를 통한 이국적인 음식이나 조리방법의 교류는 에스닉푸드의 웰빙 트렌드 확산에 기여한 바가 크며, 더불어 이국적인 음식들을 친근한 음식으로 자리 잡게 해주었다.

에스닉푸드를 나타내는 중요 키워드는 '신선하고, 활기를 주며, 건강한(Fresh + Refresh + Healthy) 저칼로리 영양식(Low Calorie Healthy Food)'으로, 우리나라의 사찰 음식이나 태국의 스파푸드, 인도의 아유르베다 푸드, 이슬람교의 할랄푸드도 웰빙 푸드로서 에스닉푸드에 포함될 수 있다. 이처럼 에스닉푸드라 총칭되는 많은 나라의 음식들은 종교와 함께 정신과 육체의 조화와 균형을 이루는 음식철학까지 지니고 있어 앞으로도 더욱 인기를 끌 전망이다.

■ 에스닉푸드(= 이국적 음식)의 열풍이 전 세계적으로 고조된 이유

에스닉푸드(Ethnic Food)는 이국적인 맛과 향을 지닌 제3세계의 고유한 음식을 이야기하는데, 대표적으로는 동남아 음식을 표현하는 말로 통용되기도 한다. 이 음식의 가장 큰 특징은 채소를 비롯해 각종 허브와 향신료 등 저칼로리 재료를 사용한다는 것이다. 이 재료들로 만든 요리는 다소 기름지고 뻔한 양식 요리에서 벗어난 활력이자 충전의 건강 웰빙 요리로 각광을 받게 되었다.

에스닉푸드는 다양한 식재료를 사용하고, 동물성과 식물성 영양소를 고루 섭취할 수 있으며, 저칼로리라는 인식으로 세계적으로 건강식으로 평가되었다. 여러 식재료를 함께 넣어 만든(Mixing)다는 특징면에서도 우리의 비빔밥과 닮았다.

결론적으로, 전 세계가 에스닉푸드에 열광하는 이유는 에스닉푸드(Ethnic Food)는 웰빙 푸드(Well-Being Food)이기 때문이다.

문화와 식문화

문화와 식문화

1. 문화의 정의와 개념

1) 문화란 무엇인가?

문화란, 학습되고 축적되는 인간의 경험이라고 할 수 있다.

개인과 문화의 관계는 거미와 거미줄처럼 거미가 스스로 거미줄을 만들고, 그 거미줄이 없으면 살 수 없듯이, 공유된 가치와 생활방식을 따르게 된다. 한국에 태어나 자라면 김치를 먹고 젓가락질을 하게 되는 것처럼 문화는 공유성, 상징성, 학습성, 보편성이라는 특징을 지닌다.

■ **문화란?**

"모든 살아있는 유기체들은 한 가지 절박한 필요성을 지닌 채로 살아간다. 바로 먹지 않으면 죽는다는 것이다. 하지만 그런 수준을 넘어서 음식에는 단순히 영양학적인 역할 이상의 의미가 담겨있다."

인류학자. 시드니민츠[Sidney Mintz]

2) 컬처코드란 무엇인가?

컬처코드란, 우리가 속한 문화를 통해 일정한 대상에 부여하는 무의식적인 의미를 뜻한다. 예를 들면 술에 대한 컬처코드의 경우 유럽은 자유·평화, 미국은 총, 이슬람국가는 금기이다. 이와 같이 음식에 대한 컬처코드는 고정적이지 않고 매우 다이내믹하게 변한다.

| 술 | 유럽 | 미국 | 이슬람국가 |

음식문화라는 것이 객관적인 시각으로 보기 힘든 것이지만, 다양한 식문화의 수용을 위해서는 자국주의 시각에서 벗어나 문화상대주의적 시각을 갖는 것이 중요하다. 자국의 문화만이 최고라고 여기고 상대의 문화를 야만스럽다며 거부하거나 무시하는 태도는 문화의 다양성을 존중하기 어렵게 만든다. 거위에게 잔인한 방법으로 사료를 억지로 먹여 간을 비대하게 키워 요리하는 서양인의 프와그라는 세계에서 손꼽히는 진미음식으로 여겨지는데, 동남아의 식용 곤충튀김은 몬도가네스럽게 취급되어야만 할까?

■ **몬도가네**

기이한 행위, 특히 혐오성 식품을 먹는 등 비정상적인 식생활을 소재로 한 이탈리아 영화(몬도가네 = '개 같은 세상'의 뜻)에서 나온 단어이다.

2. 식문화

1) 식문화란 무엇인가?

식문화는 식품을 조리, 가공하는 체계와 식사행동 체계를 통합한 문화를 말한다.

대부분은 음식문화를 말할 때 무엇을 먹는가에 대해서만 초점을 맞춘다. 하지만 음식문화는 장소뿐 아니라 시대에 따라서도 매우 빨리 변하는 속성을 지니고 있어서, 요리방법과 먹는 방식 또한 중요한 요소이다. 무엇을 먹는지를 보면 종교를 알 수 있고, 요리방식을 보면 요리법과 부엌의 변천사를 알 수 있다. 먹는 방법의 차이를 알면 서로 다른 식사예절과 문화를 배울 수 있다.

2) 무엇을 먹는가?

■ 세계인의 주식(Cultural Superfood)

주식	지역	인구
밀	인도 북부, 파키스탄, 중동, 중국 북부, 유럽, 북아프리카, 북아메리카	35%
쌀	서아시아 일부, 동남아시아, 동북아시아	60%
옥수수	멕시코, 페루, 칠레 및 아프리카	3%

※ 세계의 3대 주식은 밀, 쌀, 옥수수이며 4대 주식은 밀, 쌀, 옥수수, 감자이다.

◯ = 인구 1인당 연간 쌀소비량(kg)

■ 쌀의 종류

인디카종		동남아, 아시아, 중동 지역 (열대아시아 지역, 적도 근처에서 주로 생산됨)	길이가 길고 점성이 낮다. 흔히 안남미라고 한다. 낱낱이 흩어지며 끈기가 없다.
자포니카종		한국, 일본, 중국 북부 (온난기후를 가진 동부아시아, 남아시아의 고산지역에서 주로 생산됨)	점성이 높아 찰지고 윤기가 있다. 포만감을 준다.

3) 어떻게 요리하는가?

동양의 음식철학은 음양오행설을 따르고, 서양의 음식철학은 4 체액설에 근본을 둔다.

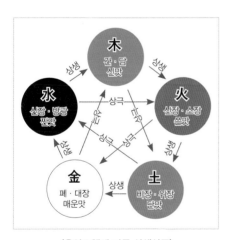

〈음양오행에 따른 상생상극〉

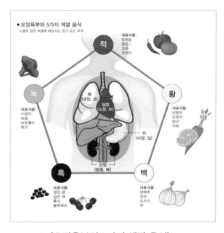

〈오장육부의 5가지 색깔 음식〉

■ **음양오행**

음(陰)과 양(陽)의 소멸, 성장, 변화, 그리고 음양에서 파생된 오행(五行), 즉 수(水)·화 (火)·목(木)·금(金)·토(土)의 움직임으로 인간생활과 모든 현상, 생성소멸을 해석하는 사상이다.

■ 4 체액설

철학자 엠페도클레스(Empedocles)가 처음으로 주장했던 4원소설에 근원을 두고 사람의 몸은 냉, 건, 습, 열의 4가지 체액으로 이루어졌다는 일종의 의학이론이다. 모든 체액 간의 불균형이 병이 된다는 이 학설은 대칭과 균형을 추구하며, 체액은 각각 만들어지는 장기가 있어, 이 체액들은 음식물을 통해 항상 새로 보충되기 때문에 영양이 중요하다고 여겼다. 기본적으로 모든 병에 식이요법, 즉 부족해진 체액을 음식을 통해 섭취하도록 하였다.

4) 어떻게 먹는가?

(1) 식사예절과 문화

- 예절의 기준은 선악의 문제가 아닌 미덕의 문제이다.
- 예절은 예의의 세밀한 규칙이며 예의를 실현하기 위한 방법이기도 하다.
- 예의는 추상적이고, 예절은 구체적이다.
- 예의는 목적이라면, 예절은 수단이라고 할 수 있다.
- 예절의 기준은 사회에 따라 다르며 시대에 따라서도 다르다.

■ **식사자세와 식사도구**

✻ 식사할 때의 자세

– 좌식
– 입식

〈좌식〉　　　　　　　　　〈입식〉

✻ 음식을 입에 넣는 방법

① 손을 사용하는 방법
② 젓가락을 사용하는 방법
③ 나이프, 포크, 스푼을 사용하는 방법

■ 상차림의 유형

　❋ 음식의 분배방법

　－ 개별형
　－ 공통형

〈개별형〉

〈공통형〉

■ 음식의 배치방법 기본

　－ 공간전개형: 한식 상차림
　－ 시계열형: 코스별로 개인에게 한 가지씩 나오는 방식
　　(시계열형 상차림은 프랑스가 아닌 러시아에서 시작되었다.)

〈공간전개형〉　　　　　　　　　　　〈시계열형〉

– 개별형이면서 공간전개형: 조선시대 반상차림
– 공통형이면서 공간전개형: 큰 접시에 음식별로 담고 각자 개인접시에 덜어먹는 방식. 현대의 식탁

〈개별형이면서 공간전개형〉　　　　　　　〈공통형이면서 공간전개형〉

⇨ 음식의 배치 방법은 위와 같이 4가지의 매트릭스가 가능하다.

(2) 수식문화

손으로 음식을 먹는 수식문화는 음식을 먹는 방법 중 가장 오랜 역사를 가진 방법이다. 주로 동남아권에서 형성된 문화이며 전 세계인의 40%는 손으로 음식을 먹는다. '인디카' 품종의 쌀을 먹는 문화권에서 찰지지 않고 흐트러지는 쌀알을 꼭꼭 뭉쳐 먹어야 하므로 손을 사용해야 했다.

■ **수식문화권의 식사예절**
– 좌석배치에 규칙이 있다.
– 식사 전에 손을 씻는다.
– 남성이 먼저 먹는다.
– 음식을 먹기 전 신에게 감사의 표시를 한다.
– 오른손의 엄지, 검지, 중지의 세 손가락의 두 번째 마디를 사용한다.
– 식사 후에는 손을 씻고 입안을 헹군다.
– 식사 중에 이야기를 하지 않는다.
(수식문화권에서는 손가락을 두 개만 사용하면 오만함을 뜻하고, 손가락을 전부 사용하면 식탐과 탐욕스러움을 뜻한다.)

(3) 젓가락문화

젓가락의 사용은 동아시아와 베트남, 태국 등의 몇몇 국가에서 볼 수 있는 국지적인 식사방법이다. (젓가락의 기원 : 약 3400년 전 중국)

■ **한중일의 젓가락**
- 일본의 나무젓가락 : 생선을 발라먹기에 좋은 형태
- 한국의 쇠젓가락 : 전 세계에서 유일한 메탈소재의 젓가락
- 중국의 젓가락 : 기름지고 뜨거운 음식에 좋은 형태

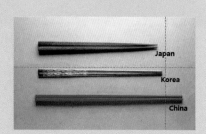

■ **마빈 해리스**
"음식문화는 정해진 환경에서 가장 실용적이고 경제적인 방향으로 발전해왔다."

■ **젓가락 문화권의 식사예절**

❊ 일본

어린아이나 환자를 제외하고는 숟가락 사용을 하지 않고 젓가락만으로 식사를 하며, 젓가락 예절이 다소 복잡한 편이다. 일본에서는 나무 재질상 젓가락 끝에 타액이 스며들어 그 균을 옮길 수 있다고 여겨 가족 간에도 각자 고유의 젓가락을 사용한다.

❊ 일본에서 식사 시 삼가야 할 젓가락질 방법

- 헤매는 젓가락
- 건네주는 젓가락
- 쥐는 젓가락
- 비틀어 떼는 젓가락
- 옮기는 젓가락
- 뒤지는 젓가락

- 핥는 젓가락
- 찌르는 젓가락
- 걸쳐 놓는 젓가락

❋ 한국

시주저종(匙主箸從)문화로서 숟가락이 주가 되고 젓가락이 뒤따르는 식사 형태이다.

❋ 중국

면을 먹을 때는 물론이고 밥이나 요리를 집을 때도 젓가락을 사용한다. 사기로 만든 '렝게'는 보통 국물을 떠먹는 요리에만 제한적으로 사용한다.

- 식탁체계 : 팔선탁 또는 원탁 사용
- 식기체계 : 공동의 큰 식기와 개인의 작은 식기 사용

3. 음식문화 형성과 변화

<음식문화 형성에 영향을 주는 요인>

1. 자연적 요인 : 기후, 지형
2. 경제적 요인 : 소득, 생활수준
3. 사회적 요인 : 종교, 관습, 가치관 등

1) 문화접변에 의한 음식 이야기

문화접변이란, 나라 간 문화와 문화가 만나 새로운 문화를 만들어내는 것을 뜻한다.

음식에 있어서 대표적인 문화접변을 보여주는 요리라면 일본의 돈까스를 들 수 있다. 돈까스는 개화기 때 서양의 포크커틀렛을 응용한 요리로, 커틀렛을 일본식인 가스렛으로 발음하다가 자신들에게 좀 더 편한 한자식 발음인 돈(豚)자를 붙여 돈까스라는 이름으로 재탄생되었다. 일본인들은 돈까스에 궁합이 잘 맞는 양배추를 곁들이고 서양식 우스터소스를 기본으로 일본의 간장을 첨가해 만든 돈까스 소스를 뿌려냄으로써 양식도 전통일본식도 아닌 새로운 음식을 만들어낸 것이다(일본에서는 이러한 음식을 경양식으로 분류한다).

일본은 음식에 해외문화를 잘 입히는 나라로 세계인의 입맛에 맞는 문화접변에 의한 음식들을 탄생시켜 왔다.

돈까스뿐만 아니라, 일본의 대표적 경양식인 카레라이스, 고로케, 단팥빵(발효찐빵의 겉면을 서양식 빵으로 바꿈) 등도 문화접변에 의한 요리라 할 수 있다. 이는 모두 일본 음식이 아니라고 할 수도 있지만, 엄밀히 말하자면 일본 음식이라고 해야 맞다. 그런데 묘하게도 일본인들이 외국에서 거주하여 향수병에 걸리면 가장 생각나는 음식이 전통일본 음식이 아닌 이러한 경양식들이라고 한다.

해외교류가 활발해지고 다문화 사회가 되어가면서 이러한 문화적 접변에 의한 음식은 수도 없이 많이 재탄생될 것이다. 따라서 더욱 더 자극적인 맛, 새로운 것, 신선함을 찾는 시대적 성향을 볼 때 한식을 공부하는 학생이라도 우리의 것만 알아서는 안 된다.

〈일본의 문화접변에 의한 음식-돈까스, 카레라이스, 고로케, 단팥빵〉

■ 식문화를 바라보는 올바른 시각

1. 자연적, 사회문화적, 역사적 배경의 영향 이해하기

2. 여러 각도에서 식문화 생각하기(어떤 문화가 용해되어 어떻게 문화화되었는가?)

3. 비교론적인 관점 갖기(지역마다 어떤 다른 상징성을 갖는지 비교하며 생각하는 것은 매우 중요한 일이다.)

〈향신료 밀크티, 차이〉

〈Tea〉

※ 나라별 다양한 커피도구

〈러시아 사모바르, Samovar〉

〈이슬람 제즈베, Cezve〉

〈이태리 모카포트, Moka Pot〉　　　〈베트남 핀, Phin〉

❋ 다양한 찜통

〈동양권 찜통〉　　　〈북아프리카 쿠스쿠스찜통〉

〈북아프리카 타진〉

3

종교와 음식,
신이 허용한 음식
할랄푸드(Halal Food)

종교와 음식, 신이 허용한 음식 할랄푸드(Halal Food)

1. 종교별 허용음식과 금기음식

음식은 단순히 생존을 위한 식품섭취의 의미를 넘어 개개인의 종교에 대한 신념을 나타낸다. 종교에 따라 음식을 먹는 방법, 음식에 대한 규정, 금기사항이 구분되므로 각 종교별 음식문화를 이해할 때에 비로소 그 종교를 이해할 수 있게 된다.

본 책에서는 기독교, 가톨릭교가 주를 이루는 서구권 종교를 제외한 에스닉푸드 존(Ethnic Food Zone)의 해당 종교인 힌두교, 이슬람교, 시크교, 자이나교, 불교, 유대교의 종교와 음식을 다루었으며, 그 중 많은 인구수를 차지하는 이슬람교도인들의 음식인 할랄푸드(Halal Food)에 대해 좀 더 구체적으로 살펴보기로 한다.

1) 힌두교

힌두교는 '인도교(印度敎)'라고도 한다. 세계 3대 종교인 불교, 이슬람교, 기독교 세력의 지배를 모두 수백 년에 걸쳐 경험하고도 밀려 나지 않고 오히려 교리가 체계화된 종교이다. 2010년대 기준으로 10억 3,300만 명(세계 인구의 15%) 이상이 믿고 있는, 고대부터 현대까지 몰락이나 큰 침체 없이 번성하고 있는 거의 유일한 다신교 신앙이다.

힌두교를 범인도교라 함은 힌두(Hindū)는 인더스강의 산스크리트 명칭 '신두(Sindhu : 大河)'에서 유래한 것으로, 인도와 동일한 어원을 갖기 때문이다. 이러한 관점에서는 기원전 2500년경의 인더스 문명에까지 소급될 수 있으며, 아리안족의 침입 이후 형성된 브라만교를 포함한다. 그러나 좁은 의미로는 아리안 계통의 브라만교가 인도 토착의 민간신앙과 융합하고, 불교 등의 영향을 받으면서 300년경부터 종파의 형태를 정비하여 현대 인도인의 신앙 형태를 이루고 있다. 이처럼 오랜 세월에 걸쳐 형성되었기 때문에 특정한 교리와 체계를 갖고 있지 않으며, 다양한 신화 · 성전(聖典) 전설 · 의례 · 제도 · 관습을 포함하고 있다.

허용음식	금기음식
채소류(대부분이 채식주의자) = 콩류와 우유, 버터, 요구르트 등의 유제품 닭고기 · 양고기	소고기

힌두교 분포지역은 민족종교의 특성상 인도와 네팔로 한정되며 절대 다수를 차지한다. 나머지 나라에서는 찾아보기가 쉽지 않은 수준이다.

■ 힌두교는 왜 소를 신성시하게 되었을까?

소가 살아서 주는 이익 = 우유, 유제품/수소의 어미 역할/기름, 연료 등 다양하나
소가 죽어서 주는 이익 = 고기밖에 없다.
∴ 살려두는 것이 훨씬 이익이었을 것이다.

■ 인도의 신분제도-카스트제도

인도의 카스트제도는 세계에서 가장 오래된 사회계급제도이다.

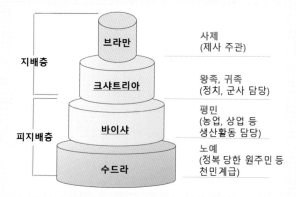

이 카스트제도는 모든 인간은 평등하다가 아닌 불평등하게 태어난다는 인식이 기본 바탕이 된다.

인도의 사회계층을 이루는 계급구조로서 사회구성원의 신분은 태어나는 순간 자동적으로 결정된다. 카스트 내 계급이동은 불가하며, 자신의 주어진 신분을 운명이라고 믿는다. 카스트는 힌두교의 '업'과 '윤회' 사상을 근거로 정당화하며 사람들에게 이를 숙명으로 여기게 한다. 인도의 힌두교에서는 그들이 숭배하는 '소'에게도 카스트가 있다고 믿는다. 흰 소, 암소 들이 주로 숭배된다.

※ **인도의 전설에 의하면**

신의 입에서 브라만(승려, 교육자),

신의 팔에서 크샤트리아(통치자, 군인),

신의 허벅지에서 바이샤(상인),

신의 발에서 수드라(노동자)가 만들어졌다고 한다.

■ **불가촉천민**

'달리트'라 하며 '억압받는 사람'이라는 뜻을 가지고 있다. 이들은 카스트 내에 속하지 못하는 최하위 신분으로, 짐승보다 못하게 취급된다.

13억의 인도 인구 중 대다수가 출생신고도 하지 않아 15~25% 추정할 뿐, 정확한 수를 헤아릴 수 없다. 1955년 차별금지법을 만들어 차별을 금지하고자 했으나 아직까지도 그 차별이 쉽게 사라지지 않고 있다. 인도 뭄바이의 최대 빨래터인 '도비가트'에는 많은 불가촉천민인 '도비왈라(빨래하는 사람)'가 생활하고 있다.

2) 이슬람교

7세기 초에 무함마드(Muhammad)가 아라비아 반도의 메카에서 유일신 알라의 예언자로서 창시한 종교의 하나로 유대교·크리스트교의 흐름을 탄 일신교이다. 이슬람교의 경전인 쿠란에는 '나(신)는 이슬람을 그대들을 위한 종교로서 승인했다'라고 기술되어 있다. 원래 이슬람이란 아랍어로 '신의 의지와 명령에 절대귀의, 복종하는 것'을 뜻한다. 또한 이슬람교도를 나타내는 무슬림은 원래 '귀의한 사람'을 뜻한다. 이슬람교는 불교·크리스트교와 함께 세계 3대 종교의 하나이며, 최근의 국제연합 통계조사에 따르면 신도수는 세계 전체 인구의 25%인 약 13억 정도인 것으로 밝혀졌다.

■ 무슬림
이슬람교를 믿는 사람

허용음식(Halal Food)	금기음식(Haram Food)
• 알라의 이름으로 도축된 염소고기 · 닭고기 · 소고기 • 과일 · 채소 · 곡류 등 모든 식물성 음식 • 어류 · 어패류 등의 모든 해산물	• 돼지고기, 돼지의 부위로 만든 모든 음식 • 동물의 피와 그 피로 만든 식품 • '알라의 이름으로'라고 기도문을 외우지 않고 도축한 고기 • 도축하지 않고 죽은 동물의 고기, 썩은 고기, 육식하는 야생동물의 고기 • 메뚜기를 제외한 모든 곤충

3) 시크교

15세기 인도 북부에서 힌두교의 신애(信愛 : 바크티) 신앙과 이슬람교의 신비사상(神秘思想)이 융합되어 탄생한 종교로서 현재 신도만 전 세계적으로 2천3백만에 이르는 세계 5대 종교 중의 하나이다. 머리에 둥그렇게 칭칭 두른 터번은 시크교도의 상징이다.

시크라는 용어는 산스크리트어로 '교육' 또는 '학습'이라는 뜻의 시스야(Sisya)에서 유래했다는 설과 '가르침'이라는 뜻의 식사(Siksa)에서 유래했다는 두 가지 설이 있다.

시크교의 기본 사상은 바히구루(Vahiguru)라는 신의 메시지와 이름으로 개인적 수양을 통한 해탈을 목적으로 한다. 시크교도들은 교조인 나나크(Nanak)를 포함하여 그의 후계자 9명의 구루(Guru : 法主)에 의한 가르침을 따르고, 사회경제 및 종교에 관한 다양한 내용을 수록하고 있는 경전 구루 그란스 사힙(Guru Granth Sahib)에 따라 행동한다. 이 외에도 시크교는 주로 펀자브지방의 역사, 사회, 문화와 관련된 제반사항을 교리에 포함시키고 있으며, 현재 신도들도 대부분 펀자브지방에 거주하고 있다.

허용음식	금기음식
인육을 제외한 모든 육식	힌두교의 금기를 파기

■ 시크교

인도에 현존하는 다른 종교에 비해서 제약이 매우 적은 편이다. 여성중심의 구도로 되어 있으며 카스트제도와는 반대되는 개념을 띠고 있다.

모든 남성의 성은 싱, 여자는 까우르이다. 육식이 허용되며, 공동체 주방에서 함께 식사한다. 모든 남녀는 동일한 지위에 있으며 여성의 성직자도 가능하다.

4) 자이나교

불교와 비슷한 시기에 인도에서 일어난 종교로서, 자이나교의 실질적인 창시자는 마하비라(Mahavira)이다. 출가 이전의 이름은 '바르다마나'로, 크샤트리아 계급에 속하는 꽤 높은 신분의 인물이었으며 기원전 5~6세기 사람으로 석가모니와 동시대 인물이었다. 그의 부모님은 그가 출가하기 이전에 이미 자발적으로 단식하여 스스로 목숨을 끊었다고 전해지고 있다.

마하비라가 자이나교를 처음부터 만든 것은 아니고, 처음 자이나교를 창시한 사람은 '리샤바'라고 한다. 자이나교에서는 이 리샤바부터 파르슈바나타까지 24명의 자이나교 지도자들을 완전히 깨달은 자, 즉 지나(Jina)라고 한다. 자이나교의 이름은 여기에서 유래된 것이며, 지나는 다른 말로 '티르탕카라'이다. 마하비라는 파르슈바나타의 가르침을 물려받고 12년간 수행한 후 최상의 지혜를 얻어 '지나'가 된 뒤 자이나교의 교리를 정립하고 종교의 체계를 갖추어 실질적인 자이나교를 창시하게 되었다. 자이나교 교리에서는 창시자인 마하비라가 마지막 지나라고 한다.

마하비라는 고행을 버림으로써 깨달음을 얻은 석가모니와는 달리 12년간 계속한 극단적인 고행을 통해 깨달음을 얻었으며 단식을 하다 굶어 눈을 감았다.

이후 자이나교는 마하비라의 유지를 이은 수다르만 등에 의해 계승된다.

허용음식	금기음식
동물을 먹지 않는 채식주의자와 동물을 먹는 비채식주의자로 나뉘어진다.	뿌리채소

■ **자이나교**

극한 종교생활을 하며, 쉼의 장소로서 사원을 이용한다. 소수가 믿는 종교로 완전 채식을 해야 한다.

- 지나(Jina) : 최고의 완성자, 완성을 깨달은 자의 의미로, 우주적 주기에 따라 24명의 지나가 나타나며, 본래의 영혼을 되찾기 위해 자이나교도의 삶은 금욕, 무소유, 고행으로 업장소멸해야 한다고 믿는다.
- 털채(빗자루, 먼지털이)와 물통을 소지하고 다닌다. 이 두 가지를 지니고 다니는 이유는 살생을 절대 하지 않기 위함이라고 한다. 자리에 앉을 때 혹여 실수로 벌레를 깔고 앉아 살생을 하게 될까봐 반드시 앉을 자리를 쓸고 앉는다고 한다. 살생금지를 철저히 지키는 자이나교의 생명존중사상을 엿볼 수 있다.
- 뿌리(뿌리는 새로운 채소를 잉태하는 것에 근원을 두고 있기 때문)채소는 취식하지 않는다.

■ **자이나교의 특징**

소음(물), 소식, 절식, 단식, 완전 채식

5) 불교

석가모니(釋迦牟尼)를 교조로 삼고 그가 설(說)한 교법(敎法)을 종지(宗旨)로 하는 종교이다.

불교라는 말은 부처(석가모니)가 설한 교법이라는 뜻과 부처가 되기 위한 교법이라는 뜻을 포함하고 있다. 불(佛 : 불타)이란 각성(覺性)한 사람, 즉 각자(覺者)라는 산스크리트・팔리어(語)의 보통명사로, 고대 인도에서 널리 쓰이던 말인데 후에는 특히 석가를 가리키는 말이 되었다. 불교는 석가 생전에 이미 교단(敎團)이 조직되어 포교가 시작되었으나 이것이 발전하게 된 것은 그가 죽은 후이며, 기원 전후에 인도・스리랑카 등지로 전파되었고, 다시 동남아시아로, 서역(西域)을 거쳐 중국으로, 중국에서 한국으로 들어왔고, 한국에서 일본으로 교권(敎圈)이 확대되어 세계적 종교로서 자리를 굳혔다. 그러나 14세기 이후로는 이슬람교에 밀려 점차 교권을 잠식 당하고 오늘날에는 발상지인 인도에서는 세력이 약화되었다. 그러나 아직도 스리랑카 · 미얀마 · 타이 · 캄보디아, 티베트에서 몽골에 걸친 지역, 한국을 중심으로 한 동아시아 지역에는 많은 신자가 있으며, 그리스도교 · 이슬람교와 함께 세계 3대 종교의 하나로 자리하고 있다.

허용음식	금기음식
산채, 들채, 나무뿌리, 나무열매, 나무껍질, 해초류, 곡류	고기, 술 마늘, 파, 부추 등 자극적인 채소

　인구 대비 불자 수가 많은 나라는 스리랑카를 제외하면 동아시아와 동남아시아에 있다. 절대적인 수로는 불자 인구가 세계 1위인 일본을 비롯해 티베트, 몽골 등도 전통적인 불교 다수 지역이다. 세계적으로 골고루 퍼진 기독교, 이슬람교와는 달리 불교는 중국과 불교권 동남아시아를 중심으로 소규모로 퍼져 있으며 서구 일부 지역을 제외한 동유럽, 중동, 중남미 등 나머지 지역에서는 거의 교세가 없다시피 하다. 본고장인 인도에서도 교세가 매우 약해 1% 수준이며 시크교나 기독교 인구보다도 적다. 특이하게 이슬람권인 오만, 카타르, 쿠웨이트 등지에도 신자가 있는데, 이는 아시아계 외국인 노동자의 영향이다.

- **불교**
  육식을 터부시하며, 채식 위주의 식생활을 한다.
  채소로 맛있는 요리를 하기 위해서, 뿌리채소를 맛있게 먹기 위해서 향신료를 사용하기 시작하였고, 우유나 유제품은 신성하게 여긴다.

6) 유대교

　천지만물의 창조자인 유일신(야훼)을 신봉하면서, 스스로 신의 선민(選民)임을 자처하며 메시아(구세주)의 도래 및 그의 지상천국 건설을 믿는 유대인의 종교이다.

　유대교의 가장 큰 특징은 당시의 다신교 세계에서 가장 먼저 일신교를 성립했다는 점이다. 물론 그 유일신은 아브라함과 만나고 모세와 계약을 맺은 신이다. 눈에 보이지는 않지만 전지전능한 존재라는 점에서 전능자(샤다이 : Shadai)로 불려진 적도 있다. 뒤에 성립된 기독교, 이슬람교도 이 유대교에서 만들어진 종교다.

유대교는 이른바 권위적인 '교의' 같은 것은 존재하지 않는다고 말하고 있다. 유대인 한 사람 한 사람이 각각 신의 개념을 갖고 있고, 원래 정통이나 이단의 구별은 하지 않는다.

유대교의 성전은 구약성서, 특히 최초의 「창세기」부터 「신명기」까지 다섯 권의 책을 '모세 5서', 일반적으로는 '토라(Torah)'라고 부르며 가장 중요시한다. 그리고 기원전 2세기경부터 400년간에 걸쳐 학습되고 전개되어온 구전 율법 미슈나(Mishnah)와 5~6세기에 걸쳐 편찬된 탈무드(Talmud)가 있다. 탈무드는 토라에 관한 해석 및 주석을 집대성한 책이다.

'코셔(Kosher)'는 유대교 율법에 따라 식재료를 선정하고 조리한 음식을 이르는 말이다.

허용음식	금기음식
• 모든 채소와 과일 • 닭 · 비둘기고기 • 되새김질하는 위가 있고 발굽이 갈라진 동물(소, 양, 염소 등) ※ 모든 고기는 유대교 율법에 따라 단번에 도살해야 하고, 도살 후에는 소금을 사용해 모든 피를 제거해야 한다.	• 어류(물고기)는 지느러미와 비늘이 있는 것만 허용(장어나 문어, 새우 · 오징어 · 굴 · 조개 같은 해산물은 금기) • 육식 · 잡식성 조류(독수리, 매, 까마귀 등) • 발굽이 갈라지지 않은 동물(말, 낙타 등) • 되새김질 위가 없는 동물(돼지 등) ※ 육류는 유제품(우유, 치즈 등)과 함께 먹어서는 안 된다.

전 세계 유대인의 인구는 1,300만명으로 추정되며, 이 가운데 약 절반 정도가 이스라엘에 거주하고 나머지 절반 정도는 미국에 거주한다(이스라엘-5,313,800명).

유대교의 금기음식	이슬람교의 금기음식
• 굽이 갈라지지 않고 되새김질하지 않는 동물 • 비늘과 지느러미가 없는 물고기 • 메뚜기를 제외한 날개 달린 곤충 • 육식성 동물 • 피 • 적절한 방법(Shechita)으로 도살되지 않은 동물의 고기 • 죽은 동물의 사체 • 젖과 고기의 혼합 • 유월절의 음식	• 돼지 • 육식성 동물 : 사자, 호랑이, 치타, 고양이, 개, 늑대 등 • 맹금류 : 독수리, 매 등 • 피 • 적절한 방법(Dhabihah)으로 도살되지 않은 동물의 고기 • 알라 외의 다른 신에게 바쳐진 동물 • 죽은 동물의 사체 • 술 • 라마단 기간의 금식 • 비늘 없는 물고기(오징어, 장어 등)

■ 코셔밀

유제품과 고기를 함께 끓이지 않으며, 조리하지 않는다. 동시에 섭취하지도 않는다. 반드시 시간차를 두고 먹어야 한다. 예를 들어 치즈버거는 유대교인들이 먹는 코셔밀에서는 유제품과 고기를 동시에 섭취하므로 금기식품인 셈이다.

■ 유대교와 금기음식

죽은 짐승의 고기, 피, 돼지고기가 금기인 것은 이슬람교와 비슷하다.
구약성경을 공유해 모세5경 등 같은 율법을 따랐기 때문에 금기가 비슷한 부분이 많다.

■ 선민사상 : 선택받은 민족

다른 종교는 모두 선교, 포교에 힘쓰지만 유대교는 선교하지 않는다. 유대인으로 태어난 것 자체가 선민사상의 근거가 되므로 먹는 것으로도 성경을 철저히 지킨다.

■ 종교별 허용음식과 금기음식

종교	허용음식	금기음식
힌두교	• 대부분 채식주의자로 콩류와 우유, 버터, 요구르트 등의 유제품 • 닭고기 · 양고기	소고기
이슬람교	• 알라의 이름으로 도축된 염소고기 · 닭고기 · 소고기 • 과일 · 채소 · 곡류 등 모든 식물성 음식 • 어류 · 어패류 등의 모든 해산물	• 돼지고기, 돼지의 부위로 만든 모든 음식 • 동물의 피와 그 피로 만든 식품 • '알라의 이름으로'라고 기도문을 외우지 않고 도축한 고기 • 도축하지 않고 죽은 동물의 고기, 썩은 고기, 육식하는 야생동물의 고기 • 메뚜기를 제외한 모든 곤충
시크교	인육을 제외한 모든 육식	힌도교의 금기를 파기
자이나교	동물을 먹지 않는 채식주의자와 동물을 먹는 비채식주의자로 나뉘어진다.	뿌리채소
불교	산채, 들채, 나무뿌리, 나무열매, 나무껍질, 해초류, 곡류	고기, 술, 마늘, 파, 부추 등 자극적인 채소
유대교	• 모든 채소와 과일 • 닭 · 비둘기고기 • 되새김질하는 위가 있고 발굽이 갈라진 동물(소, 양, 염소 등) ※ 모든 고기는 유대교 율법에 따라 단번에 도살해야 하고, 도살 후에는 소금을 사용해 모든 피를 제거해야 한다.	• 어류(물고기)는 지느러미와 비늘이 있는 것만 허용(장어나 문어, 새우 · 오징어 · 굴 · 조개 같은 해산물은 금기) • 육식 · 잡식성 조류(독수리, 매, 까마귀 등) • 발굽이 갈라지지 않은 동물(말, 낙타 등) • 되새김질 위가 없는 동물(돼지 등) ※ 육류는 유제품(우유, 치즈 등)과 함께 먹어서는 안 된다.

힌두교

시크교도의 사원

이슬람교의 상징 '메카'

무슬림이 기도하는 모습

자이나교신_고마테슈바라상

자이나교의 사원

불교의 불상

유대교의 상징 _ 통곡의 벽

2. 할랄푸드(Halal Food)

1) 할랄의 정의와 개념

(1) 할랄이란?

할랄은 아랍어로 '허용'의 의미이며, '에스닉푸드 존(Ethnic Food Zone)'의 많은 인구를 차지하는 이슬람교인 무슬림이 먹고 쓸 수 있는 제품을 총칭한다.

(2) 할랄과 하람(Halal, Haram)

Halal Food 정의(Halal = 허용)

할랄이란, 이슬람교도들이 먹을 수 있는 음식, 즉 쿠란에서 먹도록 허용된 음식을 말한다. 과일·채소·곡류 등 모든 식물성 음식과 어류·어패류 등의 모든 해산물과 같이 이슬람 율법 하에서 무슬림이 먹고 쓸 수 있도록 허용된 제품을 총칭하는 용어이다.

육류 중에서는 이슬람식 알라의 이름으로 도축된 고기(주로 염소고기·닭고기·쇠고기 등), 이를 원료로 한 식품, 화장품, 의약품 등이 할랄 제품에 해당한다.

Haram Food 정의(Haram = 금지)

반면 술과 마약류처럼 정신을 흐리게 하는 것, 돼지고기·개·고양이 등의 동물, 자연사했거나 잔인하게 도살된 짐승의 고기 등과 같이 무슬림에게 금지된 음식을 '하람(Haram)'푸드라고 한다.

할랄식품 (허용된 식품)	우유(소, 낙타, 산양의 젖), 벌꿀, 생선, 취하는 성분이 없는 식물, 신선한 채소, 견과류, 콩류, 신선한 과일, 말린 과일, 곡물류, 소, 양, 산양, 낙타, 사슴, 고라니, 닭, 오리
하람식품 (금지된 식품)	돼지고기 부산물, 피와 그 부산물, 육식동물, 파충류, 곤충류, 동물의 사체, 도살 전에 죽은 동물, 에틸알코올, 화주 등의 술, 알코올성 음료

■ 이슬람교는 왜 돼지고기를 금기시켰을까?

- 인간과 음식 경쟁관계
- 잡식 동물
- 인간과 흡사한 소화기관
- 중동의 기후에 부적합
- 더운 기후
- 물의 부족
- 생활방식에 부적합(유목생활)

■ 중동인에게 낙타란?

중동인에게 낙타는 중요한 교통수단이자 인생의 친구이다.

낙타를 타고 가다 낙타가 풀을 뜯어먹으면 채근하지 않고 충분히 먹을 수 있도록 기다려 준다. 낙타를 수단과 용도로만 여기지 않고 교류하며 지낸다. 또한 낙타는 물을 4~5일간 한 모금도 마시지 않고 견딜 수 있는 동물로 그들의 유목생활과 사막기후에 매우 적합한 동물이라고 할 수 있다.

낙타의 젖으로 만드는 카멜치노라는 음료를 즐겨 마신다.

낙타는 결혼 시 신랑이 신부에게 주는 혼납금으로도 사용되며 일종의 재산 개념이기도 하다.

	낙타	돼지
성품	− 이동, 방목생활 가능 − 초식동물로 온순함 − 이동수단으로 사용 − 400kg의 짐을 질 수 있다. − 아무것도 먹지 않고 17일을 견딤	− 정착형(유목생활에 적당치 못함) − 이동수단으로 사용 못함 − 게으름 − 난교
고기	• 1마리당 평균 200kg의 고기를 제공함(5인가족 기준 3~4개월 동안 먹을 수 있는 양) • 훈제/염장/발효/향료를 바른 육포 등으로 보존 가능함	• 지방질과 병원균이 많음 • 부패가 쉽고, 건조되지 않음(육포가 안됨)
젖	우유, 발효요구르트, 치즈, 라반(막걸리), 건조분유	제공하지 못함
가죽/털/뼈	텐트/신발/옷/카페트/캔버스로 이용	• 활용할 곳이 없음 • 털이 없어 몸이 축축−많은 양의 물 필요
배설물	• 오줌 : 머리 감는 샴푸, 또는 벌레 쫓는 약으로 이용 • 똥 : 말려서 연료로 사용	잡식성으로 배설물을 사용 못함

(3) 할랄 이해의 필요성

전 세계 인구의 1/4을 차지하며, 우리나라와 이슬람교를 믿는 국가와의 문화, 경제, 군사적 교류는 앞으로도 지속 발전될 전망이다. 이슬람 시장은 중동뿐 아니라 동남아 시장까지 포함되며, 이제 더 이상 이슬람하면 극소수 무장단체인 IS만을 떠올리거나, 부정적인 시각으로 난민만을 연상해서는 안 되는 시점에 와 있다. 최근에는 이주(국내에 체류하는 이슬람권 노동자, 한국인과 무슬림 간에 결혼 증가), 여행 관광(한류 등의 영향)을 목적으로 많은 이슬람인들이 증가추세를 보이며 유입되고 있다. 히잡을 두른 이슬람인을 이제 길에서도 쉽게 볼 수 있는 시대를 살고 있다.

우리나라를 찾은 무슬림들이 이슬람 율법에 금지된 재료를 제외하면 채소, 소고기 위주의 한식문화는 무슬림에게 접근성이 좋고, 조리기술을 고민하면 충분히 적용이 가능한 메뉴가 많다. 그럼에도 불구하고 우리나라를 방문하는 이슬람교도들은 먹을 것이 없어 곤욕을 치루고 있다. 우리나라를 방문하는 무슬림에게 여행 중 가장 힘든 것이 무엇이었냐고 물으면 첫째도 음식, 둘째도 음식이었다고, 가는 날까지 불안 속에서 식사를 했다고, 순두부밖에 먹을 것이 없었다고, 편의점에서 삼시세끼를 다 해결했다고 말할 정도라고 한다. 무슬림에게 금기시되는 대표적인 음식은 돼지고기로 이는 이들의 종교적 신념이니 존중해 주어야 하는 것이 맞다. 국내여행을 하는 터키 · 중동 지역 무슬림 관광객의 1인당 평균 지출액은 1,952달러로 전체 외래관광객의 평균 1,625달러보다 높았다. 이러한 국내

무슬림 관광객이 86만명으로 늘었는데 국내 할랄 음식점은 237개에 그쳤다. 그나마 공식적으로 할랄 인증 받은 음식점은 14개에 불과하므로 할랄식품 시장의 지원육성이 필요한 시점이다. 이제 멀게만 느껴졌던 그들의 종교를 문화적으로 이해하고, 할랄을 접목시킨 한식조리와 틈새 및 기회의 외식시장에서의 할랄 마케팅에 주목해야만 한다.

이에 본 장에서는 할랄푸드의 이해를 돕기 위해 할랄, 하람의 의미를 알아보고, 그들의 문화 속에 내재된 허용과 금기사항들, 할랄 인증, 식품산업에의 동향, 할랄과 한식과의 발전 연계가능성에 대해 살펴보고자 한다.

2) 할랄 인증이란?

할랄 인증은 무슬림이 먹거나 사용할 수 있도록 이슬람 율법에 따라 도살, 처리, 가공된 식품에 표시를 해주는 인증 마크이다. 할랄제품과 할랄식품을 판매하거나 식당을 운영하기 위해서는 할랄 인증을 받아야만 한다. 세계 공통의 표준기준이 있는 것은 아니지만, 세계 각지에서 운영되고 있는 300개의 인증기관마다 기준에 차이가 있고 기관별로 다른 인증마크가 발급된다. 일부 국가에서는 국가주도로 할랄 인증을 강화하고 있다.

말레이시아 정부는 할랄산업을 육성하기 위해 2008년 5월 할랄 마스터플랜을 작성하고, 그 계획의 일환으로 인증업무를 2012년 1월 이후 JAKIM(말레이시아 이슬람개발청)으로 단일화하여 정부가 직접 관장하고 있다.

인도네시아의 인증업무는 민간기관(MUI)에서 담당하고 있는데, 2014년 9월 할랄제품 인증법이 개정되어 2019년부터는 BPJPH(할랄제품 인증실시기관)이라는 정부기관이 담당하고 있다.

우리나라에서 할랄 인증은 민간인증기관인 한국이슬람교중앙회(KMF), 한국할랄심사평가원(HAAK), 한국할랄인증원(KHA)에서 담당하고 있다. 이에 우리가 나아가야 할 방향 설정을 하여야 하는데, IT기술을 기반으로 한 사후관리, 할랄 전용 가공공장·전용생산라인의 구축방안과 더불어 많은 이해와 관심이 필요하다고 볼 수 있다.

전 세계적으로 공신력 있는 할랄 인증기관은 아랍에미레이트(UAE)의 아랍표준측량청(ESMA), 말레이시아의 이슬람개발부(JAKIM), 싱가포르의 이슬람종교위원회(MUIS), 인도네시아의 울라마협회(MUI) 등 네 곳이다.

〈할랄 인증마크〉

할랄 인증은 식당의 경우, 운영 대표가 무슬림이거나 주방이나 홀에서 근무하는 종업원이 1인 이상 무슬림이어야 자격요건이 갖추어진다. 한국이슬람교중앙회(KMF)에서 주관하고 있으며 협회에서 실시하는 교육을 필하면 할랄 인증마크를 부여받고 식당을 운영할 수 있다.

3) 이슬람과 세계 식품산업의 동향

할랄산업의 주 고객층인 무슬림 인구는 전 세계 18억명 이상으로 추정되며, 글로벌 할랄식품 시장은 2020년에는 2조달러의 성장을 전망하고 있다. 할랄산업의 선두역할을 하는 나라는 말레이시아로 밀레이시아는 정부차원에서 적극적으로 추진하고 있으며, 그 뒤를 잇는 나라는 인도네시아이다. 다국적 기업 또한 할랄산업에 진출하고 있는데 그 대표적인 기업으로는 네슬레, 맥도널드, 까르푸, KFC, 버커킹 등이다.

일본의 경우 230개 업체 이상이 할랄제품을 도입하였으며, 이미 인도네시아산 어묵을 가공해 말레이시아에 현지 공장을 설립하였고 어육가공품 등을 생산 중이다. ANA 항공은 할랄 기내식 제공 및 정부 차원에서의 전문가를 증원하여, 할랄 전시회 등 다양한 지원을 하며 할랄산업에 박차를 가하고 있다.

국내에서는 많은 식품업체(2014년 414품목, 2015년 524품목, 2017년 1024품목으로 증가)가 할랄 인증으로 해외시장으로의 진출이 두드러지며, 할랄 시장 진출을 위한 관련 마케팅을 펼치고 있다. 관광, 식품을 포함하여 식당, 약품과 건강식품, 화장품, 패션, 이슬람문화 콘텐츠 분야 등 다양하게 증가하고 있으며, 할랄산업은 우리나라를 세계적인 수출국 지위에 오르게 해주는 밑거름이 될 전망이다.

(1) 왜 Halal Food를 알아야 할까?

현재 지구상의 이슬람 인구는 18억명으로, 할랄식품은 전 세계 식품시장의 20%를 차지하는 대규모 시장이며, 미래가 밝은 블루오션이다. 우리 정부에서는 2015년 아랍에미리트(UAE)를 방문해 할랄식품 협력증진을 위한 업무협약(MOU)을 체결하면서 할랄푸드 시장을 공략하고 있는 국제 식품업체들의 기대감을 높이게 되었다. KMF(Korea Muslim Federation)에서 인증하는 할랄식품은 무슬림 국가에서 인정받을 수 있는 기회를 마련하였다(최근 인증기관이 늘어나는 추세이다).

이제 이슬람은 싫든 좋든 방대한 지역과 거대한 인구를 갖고 있는 세계이고, 멀리 있지만 우리에게 미치는 영향이 지대(정치, 군사, 안보, 자원 확보 산림, 석유와 산업 측면)하기에 시장의 다변화를 맞이하고, 지역상품, 문화상품, 생활상품을 그들의 요구에 맞게 개발해 또 하나의 상품시장으로 만들어 나가야만 한다. 이슬람교도들은 할랄식으로 도축된 이슬람 율법에 허용된 특정 육류(양고기, 낙타고기 위주의 식생활)만을 섭취하는 문화를 가지고 있어 이를 받아들여 재료적 문제를 해결해 준다면 시장성 있는 문화층을 형성할 수 있다.

■ 할랄식 도축과정

할랄식 도축은 창조주를 위한 목적으로만 가능하며, 제사나 행사 목적으로는 불허한다. 원칙적으로, 무슬림들은 할랄식 도축 방법으로 도축된 고기만을 먹는다. 이 방법으로 도축된 고기는 할랄푸드로 인정되며, 이 때문에 '할랄 도축'이라고 불리기도 한다.

동물의 머리는 메카를 향해야 하며, 무슬림 도계전문가가 "비스말라(위대하신 알라의 이름으로)"를 외쳐야 한다. 그러한 다음 매우 날카로운 칼로 목을 깊은 데까지 쳐야 하며, 매우 순간적으로 이루어져야 한다.

동물의 고통을 최소화한다는 취지의 이슬람 율법을 따른 것으로, 완벽한 방혈과 안락사를 추구하며, 이슬람의 도살은 반드시 살아있는 상태에서 이루어져야 한다(도축 이전에 죽은 동물은 썩은 것으로 간주한다). 예리한 칼로 몸 전체가 아닌 식도, 경정맥만 절단하여 피를 빼도록 하며, 반드시 정면에서 행한다. 동물이 죽기 이전까지는 어떤 부위도 절단하지 않는다. 국내에서는 이태원 등의 할랄 식재료상에서 이슬람식으로 도축된 할랄 식재료를 구할 수 있다.

원래 이슬람의 뿌리가 되는 중동지방은 사막기후로 매우 건조한데, 냉장고가 없던 시절에 고기들이 피 때문에 썩게 되자 피를 다 뺄 수 있는 방법을 고안하여 만든 것이 '다비하'이다. 다비하 방식으로 도축함으로써 더 오랫동안 보존할 수 있게 된 것이다. 이렇게 하여 피가 빠지기 시작하면 동물을 거꾸로 매달아야 하며, 피가 다 빠질 때까지 기다려야 한다.

우리나라에서도 2015년 농림축산식품부는 할랄산업 육성을 위해 95억원을 들여 대규모 도축장 설치 사업을 시도했으나 반이슬람 정서가 퍼지면서 무산되었다.

최근 국내에서는 작은 규모이지만 소규모의 도축장들이 할랄 인증을 받아 가동되고 있다(닭고기 위주). 국내에서는 고기를 취급해도 다비하식 도축은 의무가 아니다. 한국 내에서는 이슬람인만이 할 수 있는 도축 방식에서 전기충격 방식으로 낮은 전압을 이용해 머리 부분만 기절시키는 방법도 할랄로 공식 인정되고 있다.

비이슬람권인 호주나 영국, 유럽 국가에서는 할랄식 도축시스템을 운영해 할랄식으로 도축된 고기를 필요로 하는 나라에 수출하는 방식으로 세계적인 시장을 확보하고 있다.

(2) 할랄의 인식 및 소비트렌드의 변화

할랄식 도축은 인증, 관리 감독이 까다로운 공정을 거치는 만큼 생산속도가 일반 도축장보다 더딜 수밖에 없다. 하지만 이는 역설적으로 그만큼 식품 안전관리가 철저히 되고 있다는 의미라고 할 수 있다.

최근 소비자들이 건강한 생활, 안전한 음식에 관한 관심이 높아지는 추세여서 할랄식품도 새로운 건강 트렌드로 떠오르고 있다. 할랄 식재료가 가진 건강과 안전에 대한 이미지로 헐리우드 스타들도 할랄 식재료를 애용하여 더욱 주목을 끌었는데, 최근 종교와 상관없이 할랄의 꼼꼼한 인증절차가 믿을 수 있는 먹거리로 인식되면서, 비무슬림권 사람들에게도 인기를 끌고 있는 것이다. 자신의 삶에 대한 만족을 우선시하는 현대인의 사고방식 전환으로 건강한 먹거리를 찾는 트렌드의 반영이라고 할 수 있다.

■ 그런데 우리는 이슬람을 얼마나 알고 있을까?

❊ 이슬람의 성지 메카

사우디아라비아의 히자스지방에 위치해 있으며, 코란에 나와 있는 이슬람의 창시자인 무함마드가 출생한 성스런 장소로 종교, 정치, 행정, 상업의 중심지이다. 300만명을 수용할 수 있는 대규모의 장소이나, 이슬람교인이 아닌 일반인이 신청하면 10년 정도 대기해야 방문이 가능하다고 한다.

많은 인파가 모이고 먹을 것이 필요한 장소이므로 상권이 형성되어 있고 교역의 중심을 이루고 있다. 일본은 많은 인원이 이동하면서 먹을 수 있는 무슬림을 위한 간편식, 라면 등을 개발하여 이슬람시장 안에서 발 빠르게 대처하고 있다.

❊ 이슬람교의 경전-코란

코란은 이슬람교도의 신앙뿐만 아니라 일상생활의 규범을 서술하고 있다.

이슬람교도는 코란의 한마디 한마디가 생활화되어 매일 정수리에서 발끝까지, 태어나서 죽을 때까지 계율을 지키려고 한다. 그들에게는 종교라기보다는 생활 속의 습관이자 철학으로, 현실생활이 곧 종교수행이 되게 한다.

❊ 라마단이란?

무슬림에게는 5대 의무사항 중 하나이다. 이슬람력으로 9월 한달 동안 금식을 하는 기간으로, 이슬람교도들은 라마단 기간 중 해가 떠 있는 낮시간에는 음식과 물을 먹지 않으며, 인간의 모든 욕구를 삼간다. 해가 지면 금식을 중단한다.

❊ 이프타르(Ifftar)

금기를 깬다는 의미로, 라마단 기간 중 해가 진 뒤에 허용되는 식사를 일컫는다. 북반구의 국가들은 라마단 기간이 한여름이므로 물 한 모금 마시지 않고 버티기 위해서는 이프타르를 통해 충분히 영양을 섭취해야 한다.

❊ 이프타르 마케팅

요식업계는 라마단 기간에 해가 떠있는 동안 영업을 하지 않음에도 불구하고 수익이 늘어나기도 한다. 유통업계 또한 라마단 기간에는 해가 진 이후에 세일을 하며 손님을 끌어 모으고 밤늦게까지 영업을 하는 등 평소와는 다른 마케팅을 펼친다.

이프타르의 대표적인 음식으로는 요거트와 대추야자이다. 요거트와 대추야자는 빠른 시간에 속을 풀어주고 체력을 보충해주어 인기가 있다. 우리나라 대추도 할랄 인증되어 이슬람 국가에 수출되고 있다.

❊ 기도실(Prayer Room)

알라신을 향한 기도는 무슬림들이 평생 동안 지켜야 할 5대 의무사항 중 하나로, 이슬람의 최고 성지인 메카를 향해 하루에 다섯 번씩 절을 하며 기도를 올린다. 공항, 백화점, 관광지, 식당, 많은 사람이 모이는 곳에 무슬림 기도실은 반드시 준비되어 있어야 할 공간이다. 국내에서도 공항, 백화점, 관광지에 이슬람 관광객을 위한 기도실이 마련되어 있으며, 이슬람 인구의 유입이 큰 만큼 공공시설에도 차츰 만들어가는 추세이다. 기도실이 구비되어 있지 않으면 이슬람 인구를 수용할 수 없음을 인식하여야 한다.

기도실에는 코란이 비치되어 있어야 하며, 절을 할 수 있는 카펫이나 방석, 차양막, 세족실이 구비되어 있어야 한다. 카펫이나 방석은 메카 방향으로 위치해 있어야 한다.

| 기도룸 | 기도 |

■ 이슬람과 아랍의 음식문화 = 환대문화, 권하는 문화

1. 이슬람인은 명예를 중시한다. 이들이 생각하는 '명예를 얻기 가장 쉬운 방법은 손님을 극진히 대접하는 것'이라고 여긴다. 집에 오는 손님은 '신이 주는 선물'이라 생각하며 많은 음식으로 극진히 대접한다.

2. 초대된 사람들에게 권하는 문화 : '꿀꿀꿀' 문화라고도 한다(꿀꿀꿀 = '드세요', '먹어라'의 의미, '차린 것 없지만 많이 먹어라'는 문화).

3. 건강한 정신에 건강한 육체가 깃든다(코란 : 좋은 것 먹고 올바로 행동하라는 가르침에 의함).

4. 이슬람의 먹는 행위는 알라를 숭배할 수 있도록 에너지를 보급하는 행위이다(먹는 것 = 종교적 행위).

5. 과식은 피해야 한다. '위의 1/3은 음식을 위해, 1/3은 마실 것을 위해, 1/3은 호흡을 위해 남겨 두어라'라는 생활신조를 가지고 있다.

※ 아랍인의 식탁예절

- 오른손은 신성, 왼손은 불결하다고 생각하며,
- 음식서빙이나 먹을 때는 항상 오른손을 사용하고, 화장실을 갈 때에는 왼손을 사용한다.

■ 이슬람 여성의 전통의상

| 히잡 | 니캅 | 챠도르 |

히잡
- 얼굴만 내어놓고 머리카락을 감싸는 베일의 일종으로, 여성의 정조를 상징하며, 이는 경건한 신앙생활을 하는데 목적을 두고 있다.
- 가정 내에서는 착용하지 않고 외출 시에는 머리카락이 보이지 않도록 두른다.

니캅
눈을 제외한 전신을 가린다.

챠도르
얼굴을 제외한 전신을 가리는 형태로, 이란 여성이 주로 착용한다.

4) 할랄 한식

한식은 채소를 많이 사용하는 자연친화적인 건강식이라 이슬람 인구에게 적용 가능한 면이 많다. 그럼에도 불구하고 국내에 관광 온 무슬림들은 돼지뼈로 삶은 육수를 베이스로 한 순대국, 감자탕, 해장국 등의 국물요리가 대부분인 한국의 외식문화 속에서 발길을 돌려야만 한다. 또한 한식 요리에서 잡내를 제거하기 위해 사용되는 술과, 발효를 하는 동안 생기는 알코올도 그들에게는 문제가 되기도 한다.

환대하고, 푸짐히 차리고, 대접하는 것을 좋아하는 이슬람 문화권의 사람들은 여행자로서 누릴 수 있는 충족감과 만족감을 맛볼 수 없다. 우리나라에 방문한 전체 방문객 중 외래관광객의 음식에 대한 만족도에 비해 무슬림 관광객의 만족도는 크게 못 미치는 것으로 조사되었다. 한국을 방문하는 무슬림의 니즈를 파악하고, 그들의 문화를 이해하고 그에 맞춘 메뉴를 개발해야 할 것이다. 무슬림 관광객이 많이 방문하는 서울 명동, 남산, 동대문 지역에 할랄 인증 식당이 생긴다면 시장 다변화를 꾀할 수 있을 것이다.

(1) 한식 조리법을 기반으로 한 할랄식당

무슬림 중에는 동식물 관계없이 철저한 할랄 인증된 식재료만을 고집하는 사람도 있으나, 라마단 기간이나 할랄 관계없이 현지의 음식을 섭취하는 경우도 있다. 무슬림에게 있어 채소류는 자동적으로 할랄로 분류되며, 돼지고기는 금기이다. 돼지고기가 들어가지 않은 음식이라도 동일 작업장 안에서 돈육성 재료를 작업하거나, 식기를 사용하였다면 허락되지 않는다.

할랄식당은 무슬림 관광객들의 종교적 신념에 어긋나지 않는 음식들을 제공하는 식당으로서 할랄 공식 인증, 무슬림 자가 인증, 무슬림 프렌들리 식당(무슬림 친화 레스토랑), 돼지고기 사용 여부('We are not pork zone') 등으로 구별할 수 있다. 유입인구에 비해 할랄 인증 식당이 턱없이 부족한 현실(현재 국내에 정식 할랄 인증된 식당은 14곳에 불과하다)에서 무슬림 관광객이 즐기며 여행할 수 있도록 돼지고기와 술을 양보한다면 여러 형태의 레스토랑이 가능하다. 메뉴판에도 그림이나 아랍어로 운영자, 조리사, 무슬림 참여 여부와 돼지고기와 알코올을 사용하지 않음을 나타내 주어야 겠다. 할랄 인증 식당이 꼭 무슬림 전용식당으로 인식되지 않고 일반인도 함께 제약 없이 식사할 수 있는 공간으로 만들어져야 할 것이다.

그렇다면 할랄 조리에 있어 한식재료를 사용해 할랄식으로만 요리할 것인지, 할랄재료를 이용해 한식요리를 할 것인지에 대한 선택 중 어느 것을 택해야 할까?

정답은 없다. 어느 방식이 옳다고 할 수도 없다. 그러나 한식이 채소를 많이 사용하는 자연친화적인 건강식이라는 인식을 가지고 있는 외국인들에게 우리 한식의 우수성을 세계적으로 알릴 수 있는 계기가 되는 할랄 한식 개발에 힘써야 할 시기이므로 할랄재료를 이용해 한식 고유의 특색을 살리는 편이 더욱 바람직하다고 할 수 있다.

할랄 한식에 대한 조리법의 예를 들면, 한정식을 돼지보쌈수육이 아닌 닭요리나 생선으로 바꿔 한정식 상차림을 푸짐히 차리는 방법이다. 이처럼 그들에 기호에 맞게 차려 내면 눈이 휘둥그레지고 좋아할 것이다. 닭도리탕의 경우도 매운 향신료를 많이 사용하는 무슬림에겐 선호되는 맛이므로 근접하기 좋은 메뉴이다. 문제는 닭고기의 할랄 인증 여부인데, 닭고기만 할랄식으로 도축된 닭으로 조리한다면 곁들여지는 채소들은 할랄(= 허용)이므로 문제가 되지 않는다. 동그랑땡 같은 고기완자도 할랄식 양고기 다짐육으로 대체해 조리한다면 그들의 입맛을 끌기에 충분하다. 이처럼 우리의 한식이 그들의 시장에 들어갈 틈이 많다. 비빔밥과 김치, 사찰음식과 궁중음식 등 우리나라 음식의 우수성을 알릴 수 있는 요소가 아주 많다. 그리고 거창한 음식 위주의 메뉴개발 외에도 호떡이나 김말이, 떡볶이, 고구마맛탕, 부각 같은 간식거리도 그들에게 충분히 어필할 수 있는 메뉴들이다. 관광객 유치를 위한 이러한 틈새 마케팅이 절실한 시점이다.

(2) 인증도 중요하지만 그들의 문화를 알고 다가서는 것이 중요하다.

우리나라는 중동지역과 상관없는 것 같지만 우리나라와 이슬람권 문화는 서로 식문화적인 공통분모를 의외로 많이 가지고 있다. 우리나라는 오랜 역사 속에 육로로 몽골, 터키까지 이어져 있었고, 비슷한 형태의 음식이 발달한 흔적도 찾아볼 수 있다. 이에 속하는 음식은 꼬치, 산적, 만두, 소주(증류 방식) 등이다. 우리나라를 찾아오는 그들에게 한국 음식은 예로부터 당신들과 비슷한 게 많으니 먹어봐라, 우리 한식을 당신들의 종교적 허락을 받은 시스템으로 만들었다. 이 음식들은 당신들에게 에너지를 줄 수 있는 음식이다라는 스토리텔링도 필요하다. 채소요리와 해산물요리가 발달한 일본은 료칸과 음식을 오모테나시정신(환대정신)으로 승화시켜 무슬림 고객에게 발 빠르게 대응하고 있다. 고령화의 시대이니만큼 전 세계 무슬림의 소비파워를 인지하고 할랄시장의 변화에 발맞춰 나가야 한다. 할랄시장에서 문화적 이해와 수용을 바탕으로 한 정부차원에서의 노력, 할랄 한식 요리의 발전성과 연계가능성의 발굴, 할랄 인증업체의 수출도모를 함께 해나간다면 전 세계의 방대한 할랄인구를 통해 가치를 창조할 수 있고 우리나라의 건강한 음식문화는 세계 속에서 새로운 분야로 자리 잡을 수 있다.

| 산적 | 꼬치 |

꼬치

만두

만두

우리나라의 배는 당도와 수분 면에서 우수하여 이슬람권에서 인기를 끌고 있는 할랄 인증을 받는 수출 품목이다. 과일의 경우 식물이라 할랄 인증이 굳이 필요치 않으나, 수출상품에 할랄 인증마크가 붙어 있으면 촉진제나 성장제 사용을 하지 않았다는 신뢰를 얻어 판매가 더욱 증진된다고 한다.

■ 동남아식 할랄 vs 중동식 할랄의 구분

동남아무슬림 : 매운맛 선호, 불닭 볶음밥, 불닭 볶은면 인기

터키무슬림 : 아시아, 유럽에 걸쳐 있어 서양음식에 가까운 맛 선호

■ 아랍인의 인사말

앗쌀라무 알라이 쿰 = '평화와 자비와 사랑이 깃드소서'의 의미

향신료의 세계

1. 허브(Herb)와 스파이스(Spice)의 어원과 개념

허브(Herb)와 스파이스(Spice)는 음식의 맛과 향을 북돋워주거나 색깔을 내어 식욕을 증진시키거나 소화를 촉진시키는 기능을 하는 식물성 물질을 뜻한다.

1) 허브(Herb)

허브는 라틴어로 '녹색 풀'을 의미하는 '허바(Herba)'에서 비롯되었으며 고대 국가에서는 향과 약초라는 뜻으로 사용되었다. 옥스퍼드 영어사전에는 '잎이나 줄기가 식용과 약용으로 쓰이거나 향과 향미로 이용되는 식물'이라고 되어 있는데, 말하자면 허브는 '향이 있으면서 인간에게 유용한 식물'이라고 정의할 수 있다. 식물의 잎, 줄기, 꽃잎 등 비교적 부드러운 부분이며 주로 따뜻한 지방에서 잘 자란다.

허브는 건강(Health), 식용(Edible), 원기회복(Refresh), 미(Beauty)의 앞 철자를 따서 만든 합성어로 해석되기도 하는데, 인간은 오래전부터 풀과 열매를 식량이나 치료약에 다양하게 이용하여 점차 생활의 지혜를 얻으면서 유용하고 특별한 식물로 구별하여 사용하기 시작하였다.

2) 스파이스(Spice)

스파이스의 어원을 보면, 라틴어의 '스페키에스(Species)'에서 유래했는데 이 단어는 '특별한(Special)'과 '특히(Especially)'와 같은 단어의 어원이기도 하다. 스페키에스의 문자적 의미는 '유형'이나 '종류'였지만(생물학에서는 여전히 그런 뜻으로 사용하고 있다. 여기서 Species는 種), 나중에 가서는 관세를 부과할 만한 물품의 유형이나 종류를 지칭하는데 사용되는 값지고 가치있는 물건을 뜻하는 단어로 사용되기도 하였다.

스파이스(영어 : Spice, 불어 : E'pice, 독어 : Gewurz)라는 것은 '종자, 과실, 꽃, 잎, 껍질, 뿌리 등에서 얻은 식물의 일부분으로 특유의 향미를 가지고 식품의 향미를 북돋워 주거나, 아름다운 색을 나타내어 식욕을 증진시키거나, 소화기능을 조장하는 작용을 하는 것'이라고 정의하고 있다.

보통 스파이스(본 책에서는 '향신료'와 혼용해서 사용한다)라고 한다면 이국적인 것들만 생각하기 쉽지만 우리 음식에 흔히 사용하는 마늘, 고추, 참깨 등도 모두 스파이스에 속한다. 그러나 비록 독특한 맛과 향, 색깔을 지니고 있다 할지라도 음식에 쓰이지 않고 식물이 아니라면 스파이스라 할 수 없다.

이 향신채의 뿌리, 껍질, 잎, 열매 및 씨앗을 건조시킨 모든 식물성 재료를 스파이스(향신료)라고 한다.

2. 허브(Herb)와 스파이스(Spice)의 차이

1) 허브와 스파이스의 분류 기준

앞서 말하였듯이, 허브는 식물의 '잎, 줄기 등이 식용, 약용에 쓰이거나 향기에 이용되는 식물의 총체'이며, 향신료(香辛料)는 한자의 뜻 그대로 '향이 나고 매운맛이 나는 재료'인 것처럼 식물의 열매, 씨앗, 뿌리, 줄기, 나무껍질, 꽃봉오리나 꽃술 등 특유의 향미를 지닌 식물의 총체이다. 하지만 나라 또는 민족의 식생활에 따라서 허브와 향신료의 분류 및 범위는 다소 차이를 두고 있다.

옥스퍼드 사전에 의하면 스파이스(Spice)란 '식품에 향미를 주기 위해 사용되는 것으로 향 또는 자극성을 가진 식물'이라는 대단히 넓은 범위의 정의를 내리고 있다. 또 'Spice-역사와 종류'의 저자로 유명한 존 패리(John Parry)는 허브와 향신료를 구분해 이해하는데 다음과 같은 보다 세분화된 정의를 내리고 있다.

'Spice는 식물을 건조한 것으로 식품에 첨가함으로써 그 식품의 향미를 높이고 기호성과 자극성을 부여하는 것이다. 대부분의 향신료는 상쾌한 방향이 있고 또 자극을 가진 것으로 그것은 뿌리, 껍질, 잎, 과실 등 식물의 일부분에서 얻어지는 것이다.'라고 말하였다.

앞에 허브의 어원에서 언급하였듯 허브는 '녹색 풀'을 의미하고, 일반적으로 생으로 먹을 수 있는 것을 말한다. 또한 John Parry가 Spice는 식물을 건조한 것이라 하였듯 말린 것은 향신료라 분류할 수 있다. 그러나 위의 허브와 향신료를 식물의 잎이나 뿌리냐 열매냐 하는 부분으로 나누는 분류기준을 이해했다 하더라도 식용할 수 있는 식물이 요리에 있어 생으로도 쓰이고 말려서도 사용할 때 둘 사이의 차이에서 허브와 향신료의 분류기준을 어떻게 나눠야 할지 더 혼란에 이르게 된다. 분류에 있어 보편적인 논제들을 살펴보면 요리에 애용되는 대중적인 허브인 '타임(Thyme)'의 경우만 해도 여러 요리에서 생으로도 이용되고, 말려서도 이용되기 때문에 허브라고 정의해야 할지, 향신료로 분류해야 할지 망설이게 되는 것을 예로 들 수 있겠다. 사용하는 목적에 따라 허브가 되기도, 향신료가 되기도 한다고 판단해야 할지 모호하며, 어떤 일부는 유사한 용도로서 차이가 없기도 하다. 건조한 것은 일반적으로 향신료로 분류되지만 꽃이나 허브를 말려 차로 이용할 때는 향신료차가 아닌 허브차라고 하기 때문에 혼란스럽다.

그리고 식물에 따라서는 허브이자 향신료인 것도 있다. 예를 들면 이제는 우리나라에서도 대중적인 코리앤더(고수, Coriander, Cilantro, Chinese Parsley 등의 다양한 이름으로 불리운다)가 대표적인 예이다. 코리앤더의 후레쉬한 이파리와 줄기는 뜯거나 잘라 쌀국수 토핑 시 그 알싸하고 특유한 향을 국물에 적셔 즐기며, 코리앤더의 말린 씨앗은 쌀국수의 육수를 끓일 때 서양조리의 부케가르니(Bouquet Garni)의 배합처럼 사용되기도 한다.

■ **부케가르니(Bouquet Garni)**

스톡이나 소스에 향을 내기 위하여 허브와 향신료(월계수잎, 파슬리, 타임, 로즈마리 등) 등의 잔가지를 실로 꽃다발처럼 묶은 것. 끓일 때 넣어 향이 우러나오면 먹기 전에 빼낸다.

이러한 허브와 스파이스의 분류 기준에 대한 논제들을 종합해 정리해 보면, 허브를 향초라 하여 향신료와 구별하여 생각하기도 하지만 허브는 스파이스 안에 포함되는 개념이라고 말할 수 있다. 향신료는 음식에 방향, 착색, 풍미를 주어 식욕촉진과 맛을 향상시키는 식물성 물질로 허브와 스파이스로 불리어지며, 사용하는 부위에 따라서도 나눌 수 있다. 똑같은 식물이라도 식물의 어느 부분을 어떤 상태로 사용하느냐에 따라서 식물의 잎이나 줄기를 신선한 상태에서 사용하면 허브가 되고 식물의 열매, 씨, 꽃, 껍질, 뿌리 등을 단순 가공(건조)하여 사용하면 향신료, 즉 스파이스가 된다(최근 미국에서는 말린 허브는 향신료로 간주하는 것이 일반적이다). 또한, 허브는 잎이나 꽃잎 등 비교적 연한 부분이며, 스파이스는 방향성 식물의 뿌리, 줄기, 껍질, 씨앗 등 딱딱한 부분으로 비교적 향이 강하며, 이 둘 허브와 스파이스를 통틀어 향신료라고 한다(다음 표 참조). 그러나 요즘 사람들이 말하는 허브냐 향신료냐 하는 논쟁은 크게 의미가 없다고 볼 수 있다. 허브

와 향신료 모두 인류 역사 속에 이롭게 식용할 수 있는 식물로 아주 오래전부터 함께 해왔기 때문이다.

■ Herbs & Spices 분류

허브	스파이스
• 식물의 일부분, 잎(초록색 풀이나 풀잎)이나 꽃잎	• 식물의 일부분, 뿌리, 줄기, 씨앗, 껍질, 꽃봉오리, 꽃술, 열매 등
• 맛을 기준으로 했을 때 맵지 않은 것	• 맛을 기준으로 했을 때 맵고 향이 강한 것
• 비교적 연하고 부드러운 부분(말렸지만 부드러운 꽃잎-허브차)	• 비교적 딱딱한 부분
• 신선한(Fresh) 상태의 것 • 생으로 바로 먹을 수 있는 것(농장에서 나온 것)	• 건조&분쇄된 가공상태의 것(공장에서 나온 것)
• 약초, 향초, 채소, 향신료로 나누어 사용된다. • 의료분야, 화장품, 식품보존에 주로 사용	• 쿠킹스파이스, 파이널스파이스, 테이블스파이스로 나누어 사용된다. • 요리에 주로 사용 • 주된 요리의 맛을 돕거나 잡내제거 등 보조역할
• 세계의 많은 장소에서 재배	• 극동지역, 열대국가 주산지

■ 허브

약초로서의 허브	향초로서의 허브	채소로서의 허브	향신료로서의 허브
그리스와 로마에서 사용한 허브나 중세유럽이나 수도원의 정원에 심은 허브들은 모두 최초에는 약초로 심기 시작한 것이다.	허브의 나라 프랑스 올리브, 라벤더, 로즈메리, 민트, 제라늄 등의 허브를 이용하여 비누, 향수, 향초를 만들고 허브차를 만든다. 대표적인 허브 산지로 프로방스가 있다.	베트남 요리인 분짜의 채소로 대표적인 허브는 베트남바질, 레몬바질, 코리앤더, Sawtooth 등이다. 우리 식탁에서 볼 수 있는 대표적인 허브는 부추, 깻잎, 냉이, 달래, 미나리, 쑥, 치커리 등이며, 우리나라에도 많은 허브식물이 있다.	향신료로 사용하는 허브는 타임, 바질, 파슬리, 펜넬 등이다. 허브 자체의 향을 이용하여 식품의 향과 맛을 높여주거나 고유의 나쁜 냄새를 마스킹해주는 역할도 한다. 특히 요리에 사용하는 허브는 신선한 풀의 상태도 있지만 건조해서 분쇄하여 사용하는 경우가 많기 때문에 혼돈되는 경우도 있다.

쿠킹스파이스	파이널스파이스	테이블스파이스
요리의 준비나 조리과정 중 사용	완성시키거나 완성된 요리에 사용	식탁에서 각자의 기호에 따라 사용

2) 허브, 향신료, 시즈닝(Seasoning), 양념

양념이나 향신료, 조미료 같은 말들이 혼동되어 쓰이고 있는데, 양념이 전체집합이라면 조미료와 향신료는 그 안에 속해 있는 부분집합과 같다. 따라서 양념은 조미료와 향신료를 모두 포함하는 말로서, 음식의 맛을 돋우기 위해 첨가하는 부재료, 혹은 그 재료들이 혼합된 상태로 요리에 사용될 때 이를 통틀어 양념이라고 부른다. 그중 짠맛, 단맛, 신맛을 내는 소금, 설탕, 식초 등을 조미료라고 하며, 매운맛을 내거나 향기를 지니고 있는 것을 향신료라고 한다.

한국의 양념은 양념 안에 소금, 젓갈, 간장, 된장 등의 짠맛과 설탕, 물엿, 꿀 등의 단맛, 식초의 신맛, 고춧가루 고추장, 후추 등의 매운맛을 내는 조미료의 종류와 깨소금, 참기름, 파, 마늘, 생강, 겨자 등과 같이 독특한 색깔, 매운맛을 내는 향신료의 종류가 섞여있는 것이다.

에스닉푸드를 대표하는 동남아 음식에 있어서도 단맛을 내주는 설탕, 코코넛, 팜슈가, 신맛을 내주는 라임즙 식초, 타마린, 짠맛의 액젓, 소금, 매운맛을 내주는 고추와 동남아 요리에 빠질 수 없는 레몬그라스, 갈랑갈, 라임잎 같은 향신료가 섞여 고유의 양념이 되는 것이다. 베트남의 느억짬소스나 인도네시아의 삼발소스가 한국의 양념장과 유사한 형태의 양념배합이다.

시즈닝(Seasoning)도 사전적 의미는 양념이나, 식물의 뿌리, 잎 등 한 가지만으로 만들어진 것이 허브와 스파이스이고, 시즈닝은 한 가지 이상의 허브나 스파이스를 혼합하고, 혼합한 그 복합체에 소금과 같은 조미료를 같이 넣어 복합적인 맛을 만들어 낸 스파이스가 주가 된 복합양념을 말한다.

복합 시즈닝은 위의 조미료나 향신료의 복합체로 만든 시즈닝에 인산염, MSG, 가수분해 단백질 등과 같은 첨가물까지 혼합하여 인위적인 맛을 만들거나 특정한 맛과 향을 만든 것이다. 이 복합 시즈닝으로 양념하여 소비자를

현혹시키기도 한다. 고기가 들어가지 않는 불고기맛 콩고기도 복합 시즈닝의 사용 효과라 할 수 있다.

3. 향신료의 역할

1) 미묘한 맛(단맛, 쓴맛, 신맛, 짠맛, 매운맛, 어느 것이라 규정하거나 특정 짓기 어려운 복합적인 맛)과 풍미를 준다.

2) 향신료는 좋은 향과 색깔로 식욕을 자극한다.

3) 향신료는 육류나 생선의 냄새를 완화시키고 맛있는 냄새로 유도한다(잡내 제거).

4) 향신료는 타액이나 소화액의 분비를 촉진시켜 소화를 돕는다.

5) 향신료는 살균 및 방부효과가 있어 음식이 쉽게 상하는 것을 막아 준다.

6) 허브와 향신료는 우리의 식량, 건강 및 전반적인 건강에 유익한 것으로 입증되어 고혈압 등에 효과적이며 강력한 폴리페놀 물질로 디톡스와 청혈작용을 한다.

7) 다양한 요리뿐만 아니라 피클이나 병조림, 통조림 같은 가공식품과 차와 음료, 리큐어 등에 두루두루 사용된다.

8) 꽃차, 약, 요리, 향료, 화장품, 방향살균, 살충 등 생활용품에 사용된다.

4. 역사 속의 향신료

음식의 맛을 살려주는 향신료, 지금이야 세계 각국의 향신료를 손쉽게 구할 수 있지만 중세 유럽만 해도 향신료는 사치품이었다. '후추의 땅'을 찾아 앞 다투어 위험한 대항해시대를 열고, 흑인 노예가 생겨난 것과 이들에 대한 무자비한 공격이 시작된 것, 그리고 식민 경제, 착취의 중심에 있었던, 세계 역사의 흐름을 뒤바꾼 향신료의 역사를 알아본다.

1) 고대, 향신료의 전설

유럽인들이 향신료를 처음 접하게 된 것은 로마시대이다. 인도산 후추와 계피는 인도의 캄바트 만에서 무역풍을 타고 인도양과 홍해를 건너 이집트로 수출되고 있었는데, 이집트를 정복한 로마인들에 의해 유럽에 전파되면서 향신료는 유럽 대륙에 소개되었다.

유럽인들이 향신료를 각별히 여기게 된 것은 당시 유럽인들의 식문화적 영향이 컸다. 유럽인들은 당시 소금에 절인 저장육과 건조한 생선을 주식으로 하였기 때문에, 향신료에 보존효과가 중요했으며, 풍미면에 있어서도 향신료를 선호할 수밖에 없었다. 향신료가 유럽의 음식 맛에 대변화를 가져왔기 때문이다. 또한 당시의 서양의학에서는 병은 악취에서 비롯된다고 믿었기 때문에 향신료를 이용한 소독을 중시했으므로 향신료는 매우 귀중한 약품이자 기호식품으로 대우를 받았다.

이렇게 유럽으로 유통되는 향신료는 보통 동남아시아에서 생산되어 말, 낙타에 실려 육로를 통해 인도를 거쳐 유럽으로 수송되었다. 엄청나게 먼 수송거리만큼 빈번한 사고와 천재지변, 도적 등의 위험도가 컸기 때문에 향신료 가격은 매우 비쌀 수밖에 없었고, 그 양도 매우 적었다. 때문에 유럽에서 향신료는 사치품이자 값진 물건의 위치를 차지했고, 비슷한 부피의 보석과 가격이 비슷할 정도였으며, 후추 한줌에 노예 한 명의 값으로 거래되기도 하였다.

이러한 향신료에 대한 최초의 기록은 기원전 2800년에 쓴 이집트 파피루스와 기원전 2200년경의 수메르 점토판에 나타나 있다.

기록에 따르면 고대 이집트인들은 허브와 몰약, 유황, 육계, 계피 등과 같은 향신료를 사용했으며, 제례용으로 많이 쓰였다. 당시 향신료는 종교의식 때 향불을 피우는 데 사용했으며, 고대 사람들은 향신료가 인간을 신에게 가까이 다가갈 수 있게 한다고 믿었다. 또 향신료는 귀한 물건으로도 수집했다. 부자들은 식사할 때 향신료를 금쟁반에 올려 손님들에게 대접했고, 손님들은 '향신료 쟁반'에 골고루 담긴 향신료를 원하는 만큼 덜어 먹을 수 있었다. 부유층은 향신료를 포도주에 넣어 마시기도 했는데, 이 모두 중세시대에는 향신료가 '과시적 소비'로 사용되었음을 알게 해준다.

향신료의 이야기에서 빠질 수 없는 것이 '후추'이다. 페르시아를 통해 지중해로 전해진 후추는 기원전 4세기경 의약품으로 쓰였으며, 로마인들에 의해 양념으로써의 진가를 발휘했다. 특히 로마인들은 거의 모든 요리에 후추를 넣어서 먹을 정도로 후추에 열광했으며, 그 사용량도 어마어마했다.

플리니우스(Plinius)는 로마의 백과사전 〈박물지〉에 '아주 적게 잡아도 인도, 중국 그리고 아랍이 우리 제국으로부터 빼가는 돈이 1년에 1억 세스테리우스(고대 로마의 은화)이다'라고 비판했을 정도였다.

〈향신료로드〉

2) 중세, 향신료 전성시대

후추는 1세기의 로마인, 13세기의 중국인, 16세기의 유럽인 등 긴 시간 동안 많은 사람들을 인도로 향하게 했다. 고대부터 유럽에서는 후추를 동양으로부터 전량 수입해왔다. 그 경로는 크게 육로인 실크로드를 이용하는 것과 페르시아만 또는 홍해를 거쳐 지중해에 이르는 향신료로드를 이용하는 것이었다.

유럽이 중세시대로 접어들 때 즈음엔 오스만 투르크제국이 1453년 콘스탄티노폴리스 정복에 의해 이 두 경로를 장악하고 이런저런 이유로 이슬람과의 교역이 상당부분 제한되어 버렸고, 그 결과 유럽으로 유입되는 향신료의 양이 급감하게 된다. 즉 인도 및 동남아시아 → 이슬람 국가 → 베네치아 및 제노바 → 유럽의 독점경로를 탔다.

이러한 유통경로 속에서 이슬람이나 이탈리아 도시국가들이 향신료를 중간거래하며 소진함에 따라 막상 유럽에 도착하는 것은 많지 않은 양이었다. 이 희소성에 추가로 운송비, 위험부담금 등이 얹어졌으니 값이 천정부지로 치솟은 것은 당연지사였고 그에 따라 베네치아 상인과 이집트가 엄청난 이득을 거두었으며, 반대로 유럽에서 유통되는 향신료 값은 더욱 고가로 치솟았다.

신성 로마 제국

빈

프랑스

에스파냐

로마

이스탄불

아랄해

흑해

앙고라(앙카라)

오스만 제국

지중해

알렉산드리아

페르시아
(사파비 왕조)

이스파한

■ 오스만 제국의 영역

이슬람 세력은 향신료의 중개무역에 높은 관세를 부과했고, 유럽인들은 아랍상인을 통하지 않고서는 향신료를 구할 수 없었으므로, 울며 겨자먹기 식으로 높은 가격으로 향신료를 구매할 수밖에 없었다. 이때부터 정향과 넛맥이 중요한 향신료로 부각되었다. 이 향신료들은 인도에서도 재배되지 않는, 동남아시아의 몰루카 제도의 특산물이었으므로 역시 높은 가격 수준을 유지했으며, 운송 과정은 반드시 인도를 통해야만 했다.

이 시기엔 주로 베네치아 상인들이 향신료들을 공수해 왔는데 중세가 끝날 때까지 400년 동안 거의 모든 무역은 베네치아에서 이루어졌다. 역시 여러 유통을 거쳐 유럽 각지에 공급하였는데, 한때는 심지어 은과 같은 가치를 지닌 화폐로 통용되기도 할 정도였으며, 상류층 귀부인들은 넛맥과 강판이 든 상자를 휴대하며 부를 과시하는 수단으로 사용하기도 했다. 이처럼 향신료가 재정부담을 증폭시키자, 유럽 각국은 이에 부담을 느끼기 시작하였고, 이러한 부담과 여러 요인(교권의 강화, 비잔틴 등 동유럽으로의 진출, 로마제국의 구토 수복)에 의해 발생한 첫 번째 사건은 바로 십자군 원정이다. 베네치아 상인들은 11세기 후반에 시작되어 200여 년간 치러진 십자군 원정을 지원하며 세계 향신료 시장을 장악했다. 이들은 이 과정에서 막대한 부를 축적하기도 했다. 이탈리아의 르네상스도 이렇게 쌓인 부로 이루어 낼 수 있었다. 향신료가 세계의 부의 역사를 바꾼 것이다.

이에 중세 유럽 국가들은 독자적으로 향신료를 구할 수 있는 바닷길을 찾기로 했다. 포르투갈의 주앙1세의 아들이자 항해가인 엔히크 왕자는 상선을 만들고 대규모 선단을 조직했는데, 이를 계기로 본격적인 '대항해시대'가 시작된 것이다.

초원길	위치	중국의 만리장성 이북, 몽골 고원에서 알타이 산맥과 중가리아 초원을 거쳐 카스피해에 이르는 북위 50°를 가로지르는 무역로
	개척자	• 역사상 가장 먼저 사용된 길로 기원전 6, 7세기경 기마민족인 스키타이가 이 길을 따라 활약한 뒤 본격적인 동서 교통로로 이용됨 • 진·한 시대의 흉노, 남북조 시대의 선비·유연, 수·당 시대의 돌궐·위구르, 송대의 거란족·몽골족 등 북아시아 유목민족들은 모두 이 길을 따라 정복과 교역에 종사하면서 동서 문물의 교류에 크게 기여함 • 비단길이 열림과 동시에 그 중요성이 감소되었음
	무역품목	• 이 길을 통하여 오리엔트의 영향을 받은 스키타이 금속문화가 몽골을 거쳐 북중국에 전파됨 • 특히 몽골지방에 금속문화를 전달함으로써 몽골의 기마전술에 큰 변화를 가져왔으며, 동시에 민족이동의 길이기도 하였음
비단길 (실크로드)	위치	총 길이 6400㎞. 북위 40°를 따라 중국의 중원에서부터 파미르 고원, 중앙아시아 초원, 이란 고원을 지나 지중해의 동안과 북안으로 이어져 있음
	개척자	중국 전한(BC 206~AD 25)시대 한무제가 중국 북방지대의 흉노족을 무찌르고 서아시아로 통하는 길을 정복하면서 실크로드가 열리고 동서 간의 교역이 시작됨
	무역품목	중국의 도자기, 칠기, 화약 기술, 종이 등이 서방으로 건너갔고, 서방의 유리, 옥, 후추, 깨, 호두, 모직 등이 중국으로 전해졌으며, 불교·이슬람교 등의 종교도 실크로드를 통해 중국으로 들어왔음
바닷길	위치	중국의 남동해안에서 시작하여 동중국해·인도양·페르시아만(灣) 또는 홍해를 거쳐 중동 여러 나라에 이르는 바닷길
	개척자	• 송(宋)·원(元)나라 때에는 대형화된 중국선이 인도 남부의 퀼론 이동(以東)의 대양을 항해하였고, 퀼론 이서(以西)는 흘수(吃水)가 비교적 얕은 페르시아·아랍선의 활동 해역이였음 • 중국 명나라 정화와 이슬람 상인의 상업 활동에 적극적으로 이용됨
	무역품목	• 이 길을 통하여 불교·힌두교·이슬람교가 아시아로 전파되었으며, 2세기 후반에는 로마의 사신이 도착하기도 하였음 • 9세기 이후에는 비단·도자기 등의 중국 물자가 서남아시아로, 유리·향신료 등의 서남아시아 물자가 중국으로 운반됨

3) 탐험의 시대, 새로운 향신료의 땅을 찾아 떠나다.

새로운 향신료의 땅을 찾기 위해 바스코 다 가마(Vasco da Gama)는 아프리카 대륙을 돌아서 인도로 가는 항로를 개척하였다. 1487년에 바르톨로뮤 디아스(Bartolomeu Diaz)가 발견한 아프리카 대륙 남쪽 끝 희망봉을 끼고 돌아 북쪽으로 올라가 1498년 5월 당시

후추 무역으로 번영을 누리던 인도의 '캘리컷'에 도착했다. 물론 이 항로는 이전의 향신료 로드에 비해서는 위험하고 시간이 많이 소요되기는 하지만 육로인 실크로드보다는 오히려 시간을 단축할 수도 있고 많은 양을 실을 수 있어 훨씬 경제적이기도 했다. 후추를 가득 싣고 돌아간 바스코 다 가마는 그의 고향에서 열렬한 환영을 받았고, 인도에서 가져온 후추는 그에게 귀족의 지위와 엄청난 재산을 얻게 해 주었다.

1502년 바스코 다 가마는 캘리컷을 식민지로 만들 속셈으로 수많은 사람을 잔인하게 죽이고 보물을 마구 빼앗았다. 여기서 그치지 않고 1510년 포르투갈은 인도의 고아지역을 식민지로 삼았다. 이렇게 고아는 유럽이 처음으로 아시아에 세운 식민지가 되었다. 고아에 있는 항구도시 '바스코 다 가마'는 그의 이름을 따서 명명되었다.

포르투갈은 개척한 항로 곳곳에 식민지를 만들어 두는 것이 교역로의 안전확보에 큰 도움이 된다는 것을 인지하였고, 1511년 후추가 많았던 '말라카'(말레이시아의 항구도시 믈리카의 옛이름) 역시 지배하여 이곳을 세계 향신료 교역의 중심지로 만들었다. 포르투갈의 말라카 영토 차지는 당시 육로무역의 중심지인 베네치아를 사양길로 접어들게 했으며 해상무역에 날개를 달아 주었다.

한편 마르코폴로가 쓴 '동방견문록'을 읽은 콜럼버스는 대서양을 건너 서쪽으로 항해하면 아프리카 대륙을 돌아서 항해하는 것보다 훨씬 빨리 인도에 도착할 수 있다고 스페인 왕실을 설득하여 세 척의 배를 지원받아 바다로 떠났으며 아메리카 대륙(그는 당시 여기

를 인도라고 착각했음)에 도착하였고 거기에서 고추를 가지고 돌아왔다. 마르코폴로는 생을 마감할 때까지 그 곳이 인도인 것으로 알고 눈을 감았다.

이후 아프리카 항로를 선점한 포르투갈을 견제하던 스페인을 설득한 마젤란은 대서양을 건너 서쪽으로 가서 아메리카 대륙을 돌면 인도보다 향신료가 더 많은 몰루카가 나온다고 주장하고 세계일주를 나섰으며 대서양과 태평양을 잇는 주로해협을 발견하여, 마젤란해협이라 명명하게 되었으며, 안전한 새로운 해협을 통해 올 수 있었다.

대항해시대 지도

그 후 인도와의 향신료 무역을 독점한 포르투갈에 이어 17세기 초에는 네덜란드가 동인도 회사를 통해 무역권을 탈취하게 되며 유럽 열강들 간의 향신료 무역권 경쟁이 치열하게 전개된다. 그러나 이후 향신료 매매 경쟁은 1650년을 기준으로 하여, 신대륙에서 고추, 바닐라, 올스파이스 등의 새로운 향신료가 발견되고, 커피, 코코아 등의 기호품이 유럽에 보급되기 시작하면서 안정화 국면으로 접어들게 되었다.

세계는 유럽이 필요하지 않았지만 유럽은 세계가 필요했다. 초기 대항해시대에 유럽은 힘이 넘쳐서라기보다는 자신들에게 부족했던 것을 찾기 위해 해외로 나아간 것이다.

세계의 패권을 장악하기 위해 해상네트워크를 개척한 것은 아니었지만 결과적으로는 이 해상네트워크의 개척이 장기적으로 제국주의적 지배로 연결되었다.

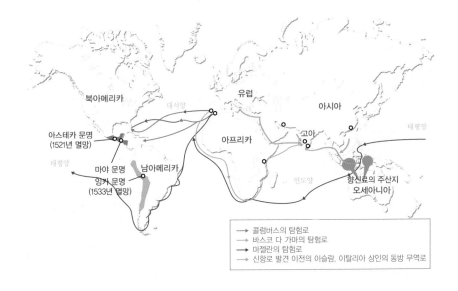

5. 향신료의 종류

후추 **Pepper**	주산지	인도, 스리랑카, 인도네시아	
	용도	소스, 수프, 가공식품, 생선요리, 육류요리	
	효능	살균효과, 소화흡수, 식욕증진	
	사용부위	열매	
겨자 **Mustard**	주산지	지중해 연안	
	용도	소스, 드레싱, 치즈, 생선요리, 육류요리	
	효능	식욕증진, 동상·만성 류머티즘·신경통 완화	
	사용부위	잎, 열매	

터메릭 Turmeric	주산지	인도, 말레이시아, 인도네시아	
	용도	착색제(카레, 단무지, 겨자), 생선요리, 육류요리	
	효능	지혈효과, 담즙분비 촉진, 식욕증진	
	사용부위	줄기, 뿌리	
시나몬 Cinnamon	주산지	동남아시아, 스리랑카, 미얀마	
	용도	디저트, 초콜릿, 펀치, 따뜻한 와인	
	효능	수분대사 조절, 생리통 완화	
	사용부위	줄기(껍질)	
펜넬 Fennel	주산지	지중해 연안	
	용도	소스, 빵, 커리, 피클, 생선요리	
	효능	비만 · 노화방지, 소화불량 해소, 이뇨작용	
	사용부위	꽃, 잎, 줄기, 뿌리, 열매(관상용)	
정향 Clove	주산지	인도네시아	
	용도	육수, 소스, 케이크, 빵, 피클, 육류요리	
	효능	기침 · 감기 · 치통 완화	
	사용부위	꽃	
사프란 Saffron	주산지	유럽 남부, 아시아 서북부	
	용도	쌀요리, 생선요리, 육류요리, 제과류, 의류, 화장품	
	효능	우울증 · 부인병 · 월경불순에 효과, 진정작용	
	사용부위	꽃	
캐러웨이 Caraway	주산지	아시아 서부, 유럽, 아프리카	
	용도	빵, 케이크, 시럽, 수프, 소스, 채소요리, 육류요리	
	효능	소화 촉진, 복통 완화	
	사용부위	잎, 뿌리, 열매	

넛맥 **Nutmeg**	주산지	몰루카제도	
	용도	제과류, 술, 햄, 치즈, 아이스크림, 생선요리, 육류요리	
	효능	소화 촉진, 식욕증진	
	사용부위	열매	
카더몬 **Cardamon**	주산지	인도 서남부, 스리랑카	
	용도	제빵 · 제과류, 커리, 피클, 아이스크림	
	효능	장경련 완화, 가스 제거, 호흡기질환 개선	
	사용부위	열매	
큐민 **Cumin**	주산지	시리아, 레바논, 이집트, 지중해 연안	
	용도	케밥, 과자류, 생선요리, 육류요리	
	효능	소화 촉진, 복통 진정	
	사용부위	열매	
블랙큐민 **Black Cumin**	주산지	터키, 그리스, 이집트, 튀니지, 인도	
	용도	육류요리, 생선요리, 카레, 차쯔네, 피클, 채소, 소스, 빵	
	효능	소화 촉진, 장 해독, 항암	
	사용부위	씨	
코리엔더 **Coriander**	주산지	아프리카, 중앙아시아	
	용도	쌀국수, 샐러드드레싱, 샐러드, 찜요리, 가금류 요리, 생선요리	
	효능	식욕증진, 위장염 · 위통 감소	
	사용부위	잎, 줄기, 열매, 씨, 뿌리	
아니스 **Anise**	주산지	이집트, 지중해 연안	
	용도	빵, 케이크, 술, 생선요리, 육류요리	
	효능	소화 촉진, 혈액순환 개선	
	사용부위	꽃, 잎, 열매	

스타아니스 Star Anise	주산지	인도 서부	
	용도	차, 디저트, 생선요리, 육류요리	
	효능	배뇨 촉진, 식욕증진	
	사용부위	열매	
생강 Ginger	주산지	아시아 열대지방	
	용도	빵, 케이크, 푸딩, 잼, 맥주, 생선요리, 육류요리	
	효능	감기 예방, 구토 · 위염 완화	
	사용부위	줄기, 뿌리	
타마린 Tamarind	주산지	아프리카	
	용도	잼, 시럽, 제과, 주스, 생선요리, 카레, 바비큐소스, 아이스크림 토핑	
	효능	변비 완화, 감기, 살균제, 해열제	
	사용부위	꽃, 잎, 열매, 줄기(껍질)	
민트 Mint	주산지	페퍼민트 : 미국, 영국, 프랑스 스피아민트 : 미국, 중국, 일본	
	용도	제과류(껌, 초콜릿), 피클류, 방향제	
	효능	호흡기질환 · 소화불량 개선	
	사용부위	꽃, 잎, 줄기	
케이퍼 Caper	주산지	유럽 남부, 지중해 연안	
	용도	소스, 드레싱, 연어 등 생선요리, 육류요리	
	효능	기침 완화, 소화 촉진, 식욕증진	
	사용부위	꽃, 열매	
딜 Dill	주산지	지중해 연안, 인도, 아프리카 북부	
	용도	빵, 생연어 등 생선요리, 조개요리	
	효능	소화 촉진, 구취 제거, 동맥경화 · 당뇨 · 고혈압 예방	
	사용부위	꽃, 잎, 줄기, 열매	

로즈마리 Rosemary	주산지	지중해 연안	
	용도	수프, 소시지, 육류요리, 화장품 (향수, 화장수)	
	효능	살균 · 소독 · 방충작용, 신경통 · 두통 완화	
	사용부위	꽃(관상용), 잎, 줄기	
타임 Thyme	주산지	지중해 연안, 유럽	
	용도	육류, 소스, 햄, 맥주	
	효능	방향, 방부, 두통 · 빈혈 · 우울증 개선	
	사용부위	꽃, 잎	
레몬그라스 Lemongrass	주산지	인도, 동남아시아, 중남미 열대지방	
	용도	수프, 소스, 생선요리, 약품, 향수, 목욕제품	
	효능	소화 촉진, 빈혈 완화, 살균작용	
	사용부위	잎, 뿌리	
라임 Lime	주산지	인도 북동부, 미얀마 북부, 말레이시아	
	용도	소스, 피클, 음료수, 생선요리, 육류요리, 화장품	
	효능	괴혈병 예방, 면역력 강화	
	사용부위	열매	
처빌 Chervil	주산지	유럽 남동지역, 아시아 서부	
	용도	샐러드, 수프, 소스, 생선요리, 육류요리	
	효능	소화 촉진, 해열, 순환장애 · 저혈압 개선	
	사용부위	잎, 줄기	
차이브 Chive	주산지	유럽, 시베리아	
	용도	샐러드, 수프, 드레싱, 장식용	
	효능	강장작용, 혈압 강하, 빈혈 예방	
	사용부위	잎, 줄기	

갈랑갈 Galangal	주산지	중국 남부, 동남아시아	
	용도	커리, 맥주, 파스타, 생선요리, 육류요리	
	효능	소화 촉진, 위경련 진정, 류머티즘 완화	
	사용부위	뿌리	
세이지 Sage	주산지	지중해 연안, 유럽 남부	
	용도	튀김, 수프, 파스타, 생선요리, 육류요리	
	효능	강장 · 소염 · 살균작용, 소화 촉진, 방부효과	
	사용부위	잎	
오레가노 Oregano	주산지	유럽 남부, 아시아 서부	
	용도	토마토소스, 파스타, 치즈, 육류요리	
	효능	해독작용, 류머티즘 · 두통 · 객담 · 감기 개선	
	사용부위	꽃, 잎	
월계수 Sweet Bay	주산지	지중해 연안, 유럽 남부	
	용도	소스, 수프, 피클, 조개 · 생선요리, 육류요리	
	효능	류머티즘 · 신경통 완화, 방충 · 공기 정화 효과	
	사용부위	잎, 열매	
올스파이스 Allspice	주산지	멕시코, 자메이카, 아이티, 쿠바, 과테말라	
	용도	소스, 피클, 소시지, 수프, 케첩, 케이크, 생선요리, 육류요리	
	효능	소화 촉진, 살균작용	
	사용부위	열매	

스윗 바질 **Sweet Basil**	주산지	동남아시아	
	용도	토마토 요리, 샐러드, 소스, 육류요리, 생선요리, 달걀요리, 피클, 스튜	
	효능	비만 · 노화방지, 소화불량 해소, 이뇨작용	
	사용부위	잎, 줄기	
홀리 바질 **Holy Basil** **= 타이 바질** **(Thai Basil)** **= 베트남 바질** **(Vietnam Basil)** **= 핫 바질** **(Hot Basil)**	주산지	동남아시아	
	용도	커리, 볶음밥, 수프, 디저트, 허브차, 생선요리, 육류요리(태국 요리에 많이 사용)	
	효능	감기 예방, 당뇨병, 천식, 기관지염, 스트레스 완화, 소화개선, 면역체계 강화, 호르몬 수치의 균형	
	사용부위	잎	
레몬머틀 **Lemom Myrtle**	주산지	인도, 이집트, 호주	
	용도	차(茶), 생선, 해산물요리의 밑간이나 잡내 제거, 디저트 수프, 소스에 활용	
	효능	살균 및 진정작용, 면역력 강화, 호흡 기 건강, 항산화 활성 효능, 항균, 항 바이러스, 중금속 배출	
	사용부위	잎	

5

제3세계
대륙별·나라별 요리

1. Asia(아시아)

[아시아 푸드의 5대 분류 : Asian Food 5 Culture Zone]

(1) Northeast Asia(극동아시아) : 한국, 중국, 일본

(2) Southeast Asia(동남아시아) : 태국, 베트남, 말레이시아, 인도네시아, 싱가포르

(3) Southern Asia(남부아시아) : 인도, 스리랑카, 네팔

(4) Central Asia(중앙아시아) : 우즈베키스탄

(5) Southwest Asia(남서아시아) : 터키, 이스라엘, 파키스탄, 이라크, 레바논, 요르단, 이집트, 이란, 시리아

2. Central and South America(중남미)

멕시코, 쿠바, 브라질, 칠레, 페루

3. Africa(아프리카)

나이지리아, 남아프리카공화국, 모로코왕국, 에티오피아

1 Asia(아시아)
[아시아 푸드의 5대 분류 : Asian Food 5 Culture Zone]

ASIA

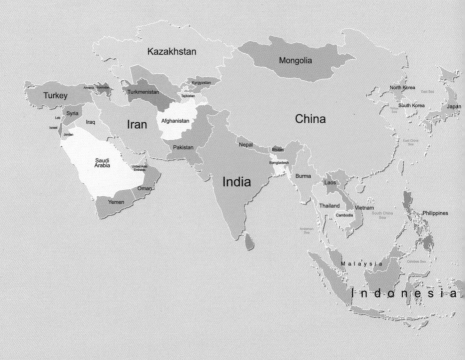

Asia(아시아)

세계 6대주의 하나로 지구 동반구의 북부에 위치하고 있으며, 전 세계에서 크기가 가장 크고 인구밀도가 가장 높은 대륙.

Asian Food 5 Culture Zone 아시아를 식문화적 관점으로 나눈 5대 분류

(1) 극동아시아(Northeast Asia) : 아시아 대륙의 동부와 그 주변의 섬을 이르는 말. 한국, 일본, 중국 일부가 이에 속한다.

(2) 동남아시아(Southeast Asia) : 아시아의 동남부, 인도차이나반도와 말레이반도로 나누어지며, 라오스, 베트남, 인도네시아, 태국 북부, 말레이시아, 싱가포르, 필리핀 등의 나라가 포함된다.

(3) 남부아시아(Southern Asia) : 아시아의 남부, 인도반도를 중심으로 한 지역. 인도, 파키스탄, 스리랑카, 방글라데시, 네팔, 부탄 등의 나라를 통틀어 이르는 말이다.

(4) 중앙아시아(Central Asia) : 유라시아 대륙의 중앙부에 위치한 건조지대. 옛날부터 실크로드를 통한 대상의 중계무역이 행하여졌다. 카자흐스탄, 투르크메키스탄, 우즈베키스탄 등의 나라가 포함된다.

(5) 남서아시아(Southwest Asia) : 아시아의 남서부지역, 동쪽의 아프카니스탄부터 서쪽의 터키까지의 지역을 이르는 말이다. 터키는 유럽과 아시아에 지역적으로 걸쳐 있으나 식문화는 아시아로 분류된다.

〈중동(Middle East) : 아시아 남서부와 아프리카 북동부지역의 총칭이며, 유럽과 동아시아 사이의 사우디아라비아, 이란, 이라크 등의 국가들이 포함된다. 중동은 이슬람·아랍권의 뜻으로 사용되는 경우도 있다. 대부분의 중동 국가는 남아시아에 속한다.〉

(1) Northeast Asia(극동아시아)

한국·중국·일본

1. 한국

한국의 요리는 손의 요리이다. 숙채·생채가 골고루 발달되어 있으며, 한꺼번에 먹을 수 있는 다양성의 요리를 선호한다. 예로서 무치거나, 비비는 나물요리(외세침략을 많이 받아 빨리 비비고 무칠 수 있는 요리)가 발달하였다.

2. 중국

중국의 요리는 불의 요리이다. 따라서 생채보다 숙채가 발달했으며, 날아다니는 것은 비행기 외에, 땅에 있는 것은 책상 외에는 다 요리한다는 말이 있을 정도로 광활한 영토에 맞게 무한한 식재료로 요리한다. 많은 식재료를 사용하는 만큼 생존을 위해 독을 제거하기 위한 방법으로 무조건 익혀서 조리했음을 알 수 있다.

- 향채, 향신료, 한약재의 사용이 많다.
- 웍+젓가락+클리버(Cleaver)를 이용하여 요리한다.
  웍+젓가락을 사용한 요리로 불을 어떻게 쓰느냐에 따라 다양한 조리가 가능하며, 이 조리도구들로 튀김, 볶음, 고기요리 등 모든 것이 가능하다. 중국의 네모지고 넙적한 사각칼은 칼(Knife)이라 부르지 않는다. 정식명칭은 클리버(Cleaver)이다.
- 기름진 음식을 많이 조리해 먹으나 술이 발달하여 지방을 분해해 주는 역할을 한다 (바이주, 황주, 소홍주, 고량주 등).

3. 일본

일본의 요리는 칼의 요리이다. 일본은 오랜 역사 속에 무사의 나라로 말을 타며 칼을 썼던 민족이다. 요리에서도 이러한 민족성이 여실히 드러나 칼을 잘 쓰며 데코레이션 같은 음식장식기술이 발달하였다. 생채요리가 발달했으며, 익힌 요리보다 생선요리를 선호하고, 육류를 섭취한 역사가 그리 길지 않은 편이다. 관서지역에 비해 관동지역은 외세의 영향을 받아 음식이 짜고, 달고, 강한 편이다.

또한, 일본요리의 가장 큰 특징으로는, '간장의 사용'과 '음식에 기름기가 없다'는 것이다. 간장의 발달로 거의 모든 음식을 간장으로 가볍게 양념하게 되었고, 식재료 본연의 맛을 추구하게 되었다. 요리법이나 양념을 연구하기보다는 식재료 중심의 요리가 발달할 수 있게 된 것이다. 식재료에 초점을 두고 간장 정도의 소스로만 음식을 완성시키므로 요리한 느낌이 별로 없어 담기에 치중하는 음식장식기술이 발달했음을 알 수 있다. 일본요리는 '여백의 미'를 중시하며 '계절감을 담은 상차림'으로 '눈으로도 먹는 요리'라고도 한다.

- 덴뿌라, 돈까스, 고로케, 카레라이스처럼 포르투갈, 네덜란드 등의 외세의 교류로 새로운 경양식이 발달한 것도 일본 식문화의 한 분야를 차지하는 큰 특징 중 하나라고 할 수 있다.

(2) Southeast Asia(동남아시아)

태국·베트남·말레이시아·인도네시아·싱가포르

Thailand

- Chiang Mai
- Khon Kaen
- **Bangkok** ★
- Hat Yai

Vietnam

- **Hanoi** ★
- Vinh
- Da Nang
- Nha Tran
- Ho Chi Minh Cit

South China Sea

Malaysia

- Kota Kinabalu
- ★ **Kuala Lumpur**
- Sibu

Singapore

Indonesia

- Medan
- Pontianak
- Palembang
- Banjarmasin
- Manado
- Ujungpandang
- Ambon
- Jayapura
- **Jakarta** ★
- Bandung
- Surabaja

불교와 국왕을 숭상하는 나라

동남아시아의 인도차이나반도 중앙부

수도	방콕
언어	타이어
기후	열대몬순기후로 강수량이 비교적 많음
종교	불교 95%, 회교, 기독교 등
대표음식	똠얌꿍, 팟타이, 수끼

태국의 시장풍경과 음식 : **1.** 팟카파오무쌉, **2.** 랍무, **3.** 쏨땀, **4.** 얌운센, **5.** 똠얌꿍, **6.** 팟타이, **7.** 카오팟, **8.** 그린커리

태국의 음식 : **1.** 까이양(태국식 닭구이), **2.** 레드커리수프, **3.** 푸팟퐁커리(커리맛 게요리), **4.** 수끼(태국식 전골),
5. 카놈똠(태국식 찹쌀떡)

1. 태국의 식문화

아시아 나라 중 외세의 침략을 받지 않은 유일한 나라이다. 오랜 역사 중에 식량난을 걱정해 본 적이 없는 나라로 맛이 좋은 양질의 음식을 다양하게 개발하였다. 국교인 불교의 영향으로 일상생활에 불교적 의미가 많이 담겨져 있다. 예부터 살생을 금하고 동물은 식용이 아니라 농사나 수송용으로 생각하였다.

13세기 이후부터는 중국, 인도와 활발한 교류를 통하여 음식문화에 많은 영향을 받았다. 현재 태국의 화교들은 19세기 말에 중국 남부인 광동(廣東)성이나 복건(福建)성 주변에서 이민을 왔으며 중국 서민음식문화가 유입되는 계기가 되었다. 중국인들이 유입한 것 중에서 크게 영향을 받은 것은 중국식 냄비와 면류, 장류, 액젓이다. 태국의 요리에는 중국요리를 발달시킨 것이 많다. 중국의 영향을 받은 또 하나의 문화는 젓가락 문화이다. 젓가락을 사용하는 곳은 세계에서 한국, 중국, 일본, 베트남 등이 있고, 그 다음으로 꼽을 수 있는 곳이 태국이다.

인도의 영향으로 자극적인 향신료와 커리를 사용하고 칠리고추를 많이 이용하므로 맵다. 태국의 커리는 우리나라의 찌개와 같은데, 소, 돼지 등의 육류보다 해산물, 채소, 열대과일 등의 재료를 즐겨 사용한다. 태국커리의 주재료가 되는 커리페이스트는 고추, 레몬그라스, 갈랑갈, 샬롯과 태국의 발효액젓인 남플라 등을 절구에 갈아 숙성시킨다. 코코넛밀크와 크림을 넣고 끓이며, 어떤 고추를 사용하느냐에 따라 레드커리, 그린커리 등으로 나뉜다.

또한, 태국요리는 여러 종류의 향신료를 절구에 갈아 매운 냄새가 충분히 우러나오도록 한 다음 다른 재료를 넣고 볶거나 끓이는 음식이 많다. 또한 타 지역의 요리와 식습관을 무조건 흡수하기보다는 자국의 식재료를 활용해 태국화시키거나 이를 현지 사정에 맞춰 적절하게 변화시켰다. 예를 들면 커리를 만들 때 버터 대신 코코넛을 쓰고, 다른 낙농식품들도 코코넛으로 대체되었다.

태국요리의 주재료 중 하나인 칠리는 남아메리카에서 유입되었고, 그 전에는 식욕과 향미를 돋우기 위해 통후추와 향초를 사용했다. 또한 칠리로 만든 요리는 일상식보다 저장성을 길게 하는 효과가 있다. 태국 음식은 중국, 인도에 이어 포르투갈로부터 영향을 받아 독특한 식문화로 발달되어 왔다.

2. 태국의 음식

1) 태국 음식의 특징

태국 음식문화의 특징은 '다양성의 조화'라 할 수 있다. 다양한 재료, 향신료, 외국 요리 등을 활용해 하나의 요리로 선보이는 것이 태국 음식의 특징이며, 이는 태국의 문화적인 특징이기도 하다.

태국의 요리는 매운맛, 짠맛, 신맛, 단맛이 다양하게 조화된 것이 특징이다. 가장 널리 알려진 태국식 새우수프 요리인 똠얌꿍이 대표적인 사례이다. 태국 음식은 다양한 식재료와 조리방법, 문화적 배경들이 한데 모여 집약되어 만들어진 조화로운 음식이다.

태국은 지리적으로 덥고 비가 많이 오는 아열대 기후대에 속하며 쌀의 생산량이 많다. 비옥한 토지와 풍부한 물, 태양열은 태국에 내려진 하늘의 선물이다. 태국은 예로부터 세계적인 곡창지대로 쌀과 열대과일, 향신료가 풍부한 나라이다. 내륙의 강과 운하에는 사계절 어느 때라도 잡을 수 있는 다양한 민물고기들이 서식하고, 유구한 역사 속에서 자유와 풍요를 누리고 살아 오면서 비옥한 자연환경과 역사 배경 속에서 맛 좋고 영양가 높은 양질의 음식을 다양하게 개발해 왔다. 이러한 독특한 식문화 전통 속에서 식도락가와 미식가들이 많이 생겨나게 되었다.

또한 향신료가 들어 있는 식재료를 자유롭게 사용함으로써 음식에 독특한 맛을 지니고 있다. 태국 고유 음식문화의 전통을 살리면서 중국, 인도, 포르투갈, 영국 등의 식문화를 수입해 이를 전통에 접목시켰다.

(1) 북부지역

다른 지역의 음식보다 덜 자극적이며 담백한 맛을 낸다. 라오스와 미얀마의 영향을 많이 받았는데, 찹쌀이 주식인 북부지역 사람들은 점성이 강한 쪄낸 밥을 좋아하며 밥을 지어 볼형태로 만들어 소스나 커리에 찍어 먹는다. 음식에 소금을 즐겨 사용하며, 맛은 맵고, 짜고, 시지만 그렇다고 달지는 않다. 대부분의 음식에 국물이 들어가며 오래 끓인 돼지뼈 육수를 사용한다.

(2) 북동부지역

찹쌀이 주식이고 코코넛밀크보다는 주로 민물고기로 맵게 발효시킨 생선, 개미알, 굼 뱅이, 메뚜기, 달팽이 등을 넣어서 만든 커리가 유명하다.

솜땀(Som Tam : 그린 파파야 샐러드), 랩(Laap : 잘게 다진 날고기), 하우 목 플라 (Haw Mok Pla : 바나나잎에 싸서 찐 생선묵) 등도 북동부지역의 음식이다. 북동부지역의 요리는 칠리를 많이 사용하므로 아주 맵고 자극적이다.

(3) 중부지역

중부지역은 차오프라야 강을 따라 형성돼 있는 세계적인 규모의 곡창지대이다. 방콕이 중심도시이고 멥쌀을 주식으로 하며, 코코넛밀크, 고추, 박하를 사용한 걸쭉한 음식과 중 국식 음식이 많다. 칠리, 고수, 코코넛오일, 라임, 남플라(Nam Pla : 생선발효소스)를 많 이 사용하는 것이 특징이다. 육류보다는 채소와 매운 칠리고추, 터메릭, 새우페이스트, 신맛이 강한 과일을 이용하므로 음식이 강렬한 향을 가지고 있으며, 해변가에 가까이 있 어 생선과 조개류가 풍부하다. 가재, 게, 조개, 오징어, 새우, 관자 등을 넣고 수프를 끓이 거나 굽거나 찌거나 커리를 넣어 요리한다.

(4) 남부지역

하천의 침식으로 만들어진 평야지대이다. 매운맛, 짠맛, 신맛이 두드러지는 편이다. 인 근 아만대 해에서 풍부하고 신선한 해산물을 어렵지 않게 조달할 수 있어 해산물요리가 발달했다. 코코넛이 재료로 사용되는 음식이 많으며, 향신료를 많이 사용하기 때문에 인 도 음식에 가깝다.

2) 태국의 일상식

가정에서의 일상적인 식사는 주식인 밥이 기본이며, 부식인 반찬으로 구성되어 있다. 쌀을 주식으로 하며 음식을 상에 한꺼번에 차리고 밥을 큰 그릇에 담아 식탁 가운데에 둔 다. 반찬을 밥 주위에 두고, 각자의 접시에 먹을 만큼 덜어 먹는다. 태국의 전통적인 식사 는 밥, 맑은 국, 찐 음식, 튀긴 음식, 샐러드와 남플라(Nam Pla), 남플릭(Nam Prik)과 같 은 자극적인 소스가 기본이다. 잘게 다진 칠리, 절인 마늘, 오이, 토마토, 양파도 함께 제공된다. 후식은 주로 과일이나 코코넛, 쌀로 만든 디저트가 나온다.

(1) 아침식사

카오똠(Kao Tom)이라는 쌀죽에 닭고기, 돼지고기, 달걀, 절인 생선이나 피클을 곁들인다.

(2) 점심식사

간단한 국수나 볶음밥을 먹는다.

(3) 저녁식사

예전에는 태국의 전통 식사를 했으나 최근에는 현대식으로 변화하고 있다.

태국 음식은 4가지 기본적인 맛을 내는 조미료가 특징인데, 여러 재료의 맛을 상승시켜 주는 짠맛의 조미료는 발효된 생선소스인 남플라(Nam Pla)가 많이 사용되며, 새우를 발효시켜 만든 캡(Kap)을 사용하기도 한다. 태국 음식에서 단맛을 내는 것은 팜슈가(Palm Sugar : 팜야자나무 줄기에서 추출한 당)를 사용하는데, 향신료나 허브의 향이 들어가는 음식에 자주 사용한다. 향미를 돋구어 주는 신맛은 라임주스, 타마린(Tamarind)을 주로 이용하며, 그 밖에 쌀로 만든 식초 등을 이용한다. 매운맛의 재료로 사용하는 것은 칠리이며, 말리거나 페이스트 형태, 소스 형태로 시중에서 구할 수 있다. 칠리가 있기 전까지는 주로 통후추(Peppercorn)로 매운맛을 냈으며 생강, 양파, 마늘도 이용했다.

■ 4S(Taste of 4S)란?

동남아시아 요리 중 태국, 베트남의 음식은 맛을 낼 때 4S를 기준으로 삼는다.

4S란, 동남아 음식의 미각 중 맛을 나타내는 주요 네 가지 단어의 첫 글자를 딴 것으로, 단맛 · 짠맛 · 신맛 · 매운맛(Sweet · Salty · Sour · Spicy)을 뜻한다. 단맛을 내주는 재료로는 설탕, 팜슈가, 코코넛/ 짠맛을 내주는 재료로는 소금, 간장, 액젓(태국: 남플라, 베트남: 느억맘)/ 신맛을 내주는 재료로는 식초, 타마린, 라임즙/ 매운맛을 내주는 재료로는 고추나 향신료가 사용된다. 요리에 따라 4S가 동시에 느껴지도록 조리해야 하는 것, 맵고 신맛에 비중을 두어야 하는 것으로 나뉘며, 이 네 가지 맛의 조화(Balance)를 추구하는 것이 동남아시아 음식 맛의 핵심이라고 할 수 있다.

■ **태국의 식사예절**

① 태국 음식은 식품재료를 잘게 썰어서 조리한 것이기 때문에 나이프는 사용하지 않는다.

② 국물이 있는 국수를 먹을 때에는 젓가락과 숟가락을 사용한다.

③ 음식을 빨리 먹지 않는다.

④ 음식을 먹을 때 소리를 내지 않고, 입술을 오므리고 먹는다.

⑤ 국물이 있는 음식은 들이마시지 않고 숟가락으로 떠서 먹는다.

3) 태국음식의 종류

(1) 쌀

- **카오깽**(Khao Kaeng) : 카레 덮밥으로 태국식 카레는 인도 카레보다 상대적으로 향이 약하고 달고 국물이 많은 편이다.

- **카오 무 댕**(Khao Moo Daeng) : 돼지고기를 잘게 썰어 밥과 함께 먹는 음식으로 고기가 약간 달짝지근한 돼지고기 덮밥

- **카오 만 카이**(Khao Man Kai) : 닭고기 국물로 지은 닭고기 덮밥

- **카오팟**(Khao Phad) : 새우, 오징어, 닭고기, 돼지고기 등을 넣은 볶음밥

(2) 국수

- **바미 남**(Ba Mee Nam) : 채소와 생선을 넣고 묽게 끓인 달걀 국수

- **팟 타이**(Phad Thai) : 태국식 볶음면으로 해물을 수로 섞어 요리하며 땅콩가루를 얹은 국수

- **팟 미**(Phad mee) : 가는 국수에 새우나 숙주 등을 넣어 볶은 음식

(3) 수프

- **똠얌꿍**(Tom Yam Kung) : 매콤한 태국식 새우수프로 태국을 대표하는 음식이다. 매콤하고 새콤한 독특한 맛을 지닌다.

- **똠 카 까이**(Tom Kha Kai) : 코코넛이 들어간 닭고기 수프

- **똠얌카**(Tom Yam Ka) : 닭고기가 들어간 수프

- **똠얌플라**(Tom Yam Pla) : 흰살생선 수프

(4) 샐러드

- **솜땀**(Som Tam) : 파파야를 채 썰어 넣고 땅콩을 넣은 태국식 샐러드로 매콤한 맛이 난다. '솜땀 타이'라고도 부른다.
- **솜땀 탈레**(Som Tam Talay) : 데친 해물이 들어간 매운 파파야 샐러드
- **솜땀 뿌**(Som Tam Poo) : 게 속살이 들어간 매운 파파야 샐러드
- **얌**(Yam) : 태국식 매운 샐러드로 거리 음식점에서도 쉽게 눈에 띄지만 고급 상차림에도 빠지지 않고 등장하는 대중적인 메뉴
- **얌운센**(Yam Woon Sen) : 새우, 오징어, 잘게 썬 돼지고기가 들어간 가는 면으로 만든 태국식 매콤한 샐러드
- **얌 느아 양**(Yam Nua Yang) : 쇠고기를 볶아서 채소와 섞은 샐러드

(5) 커리(페이스트 형태, Red/Yellow/Green/Panang/Massaman curry)

- **깽 페트**(Kaeng Phed) : 붉은 칠리, 레몬그라스, 코리엔더를 넣은 매운 커리
- **깽 페트 푸님**(Kaeng Phed Poo Nim) : 게 속살을 섞어 만든 붉은색 커리
- **깽 파나엥**(Kaeng Panaeng) : 코코넛과 바질이 들어간 국물이 없는 남부식 커리
- **깽교완꿍낭, 카이, 느아**(Kaeng Kiyao Wan Kung Nang/Kai/Neua) : 새우, 닭고기, 쇠고기가 들어간 그린 커리로 태국에서 사용하는 향신료와 요리용 채소를 가득 넣어 독특한 맛을 낸 커리

(6) 태국요리 용어

운센(Wunsen)	당면	카오(Khao)	쌀	느아(Neua)	쇠고기
무(Moo)	돼지고기	카이(Kai)	닭고기	플라(Pla)	생선
꿍(Kung)	새우	퐁(Pong)	게	탈레(Thale)	해산물
타오후 (Ttaohu)	두부	루암(Ruam)	채소	프릭(Phrik)	고추
마나오 (Manao)	라임	카놈(Khanom)	코코넛	팍치 (Phak Chi)	고수
팟(Phat)	볶다	똠(Tom)	수프	남플라 (Nam pla)	피시소스
텃(Tut)	튀기다	얌(Yam)	샐러드(얌은 sweet & sour의 의미도 있다.)		

■ 동남아시아의 커리(태국의 '깽' vs 인도의 '까리')

깽(แกง)은 태국의 국물 음식을 뜻하는 말이다. 주로 쌀밥과 함께 먹는다. 깽은 태국식 커리 (ThainCurry 타이 커리)라고도 불리지만, 남부아시아 인도에 영향을 받았으나 인도식 커리와는 사용하는 재료와 조리 방식이 다르다. 태국식 깽은 인도식 까리와 달리 걸쭉하지 않아 국물을 떠먹을 수 있는 경우가 많고 조리시간도 빠르다.

깽의 주재료는 여러 가지 향신료와 향신채에 까삐(새우장)나 남플라(어장) 등 장을 첨가해 만든 커리 페이스트와 코코넛 밀크이며, 남부아시아 인도의 커리는 양파나 닭고기를 볶다가 수십여 종의 향신료 분말믹스인 마살라를 넣고 물이나 요거트를 넣어 끓인다.

태국에서 남부아시아식 커리는 '까리(ñ씨)'로 불려 '깽'과 구분된다. 깽에는 커리 페이스트 이외에 코코넛 밀크나 물, 고기, 해산물, 허브, 채소, 과일 등이 들어간다.

태국	• 고추, 레몬그라스, 갈랑갈, 샬롯, 태국액젓인 남플라 등을 절구에 갈아 숙성시킨 커리 페이스트 사용 • 코코넛 크림이나 코코넛 밀크 사용
인도	• 향신료 분말믹스인 '마살라' 사용 • 요거트 사용

■ 태국

열대기후의 비옥한 토지에서 얻은 농산물과 열대과일과 향신료가 풍요를 이루며, 삼면이 바다와 접해 있어서 각종 해산물도 풍부하다.

뿌리는대로 걷어지는 나라로, 기후조건이 좋아 식재료는 늘 태평성대를 이룬다.

디저트의 종류가 굉장히 많고, 다양한 향신료의 국가이기도 한 태국은, 천연열매 등을 쌀 요리에 활용하기도 한다.

13세기 인도로부터는 향신료, 칠리, 코코넛밀크를, 중국으로부터는 서민음식문화, 젓가락 문화가 유입되었다. 여기에 포르투갈의 영향을 받아 독특한 문화를 발달시켰다.

태국 음식은 향신료와 다양한 재료를 사용하고, 외국 요리를 흡수하여, 신맛, 짠맛, 매운 맛, 단맛의 다양한 조화를 이루는 특징을 가지고 있다.

■ 태국의 전통차

마뚬(ma toom)　　　레몬그라스 스틱을 넣은 쟈스민 진저티

■ 방콕 담낭사두억 수상시장

■ 방콕 짜뚜짝시장

Fried Chicken Cashew Nut
후라이드 캐슈넛 치킨볶음

재료

닭다리살 500g
양파 1/2개
청, 홍고추 3개씩

오일 3큰술
다진마늘 2큰술

간장 2큰술
굴소스 2큰술
설탕 1/2큰술

쪽파 7개
백후추 1/2작은술
구운 캐슈넛 1컵
태국건고추 3개

만드는 과정

1. 닭다리살은 먹기 좋은 크기로 썰어 밀가루(분량 외)를 묻혀 오일(분량 외)을 넉넉히 두르고 팬에 노릇하게 구워 빼둔다.
2. 양파는 큼직하게 사각으로 썰어 한 장씩 떼고, 쪽파는 1cm 길이로, 청홍고추는 4cm×1cm 막대모양으로 썰어둔다.
3. 웍에 기름을 두르고, 마늘을 넣어 노릇하게 볶은 후, 양파, 청홍고추 썬것, 1의 구운 닭고기를 넣고 볶아준다.
4. 간장, 굴소스, 설탕으로 맛을 낸다.
5. 쪽파, 백후추, 캐슈넛, 건고추를 넣고 잘 볶아낸다.

※ 베이비콘이나 만가닥버섯을 넣어 볶아도 좋다.

Red Curry with Chicken and Mushroom
타이 레드 치킨 커리

재료

코코넛크림 1컵
코코넛밀크 1컵
레드커리 페이스트 2큰술반
라임잎 2개

닭고기 100g(한입 크기)

양송이버섯 100g
피시소스 1큰술
황설탕 1/2큰술

스윗 바질잎 10장

만드는 과정

1. 닭고기는 한입 크기로 자르고, 양송이는 한입 크기로 썬다.
2. 코코넛크림을 중불에 끓인다.
   - 레드커리 페이스트를 넣고 향이 나게 잘 섞어준다.
   - 라임잎(향이 우러나게 찢어서 넣어준다)을 넣는다.
   - 닭고기를 넣고 고기를 반쯤 익힌다.
3. 양송이버섯, 피시소스, 황설탕을 넣고 다시 보글보글하게 끓인다.
4. 마지막으로 스윗 바질잎을 넣고 불을 끈다.
5. 그릇에 담아 자스민밥과 곁들여낸다.

※ 닭고기 대신 돼지고기로, 버섯 대신 죽순으로 만들거나 고명으로
   홍고추를 채 썰어 올려도 좋다.

Tom Yam Kung
똠얌꿍

재료

큰 새우 4~8마리
(머리, 껍질,
내장, 꼬리 제거)
양송이버섯 100g

국물양념
육수 2컵반
태국건고추 5개
태국칠리페이스트 3큰술
피시소스 2큰술
라임주스 2큰술
소금 1/2작은술
설탕 1작은술

고수잎 적당

만드는 과정

1. 육수에 태국산 고추와 태국칠리페이스트를 넣고, 버섯을 썰어 넣고 끓인다.

2. 1에 피시소스를 넣고 새우(껍질은 육수에 사용, 살만 이용)를 넣어 2분 정도 끓인다.

3. 2에 라임주스와 소금, 설탕을 넣어 어우러지게 끓여낸다.

4. 고수잎을 썰어 올려 낸다.

똠얌꿍 Base 육수

1. 물 5컵에 손질 후 남은 새우껍질, 새우대가리를 넣고 끓인 후, 레몬그라스 1대, 라임잎 2~3개, 갈랑갈 2쪽 슬라이스, 토마토 1/2개, 양파 1/4개를 넣고 약불에 천천히 20분 정도 끓여 그대로 식혀 국물만 걸러 사용한다.

Stir-fried ricenoodle Thai Style

팟타이

재료	만드는 과정

밑준비

쌀국수 건면 100g
(불린면 200g)
달걀 2개

오일 3큰술
채 썬 샬롯 1개분
(또는 양파 1/6개)
태국건고추 3개

중간크기 새우 7마리
(머리, 껍질, 내장 제거)
물 or 육수 3큰술

건새우 5g
숙주 150g
실파 10g

팟타이 볶음소스
피시소스 1큰술
간장 1큰술
설탕 1큰술
타마린 페이스트 2큰술
식초 1/2큰술

*곁들임 라임 1/4개

부순 구운 땅콩 1큰술

밑준비

1. 쌀국수면은 3시간 정도 물에 불려둔다.
2. 샬롯은 채 썰고, 새우는 손질해두고, 숙주는 거두절미, 쪽파는 4cm 길이로 썰고, 볶은 땅콩은 잘게 부숴둔다.
3. 달걀은 풀어 기름을 살짝 두른 팬에 스크램블해서 빼둔다.
4. 볶음소스는 섞어둔다.

조리과정

1. 중불에 달군 웍에 기름-채 썬 샬롯-태국건고추-새우를 차례대로 넣어가며 볶는다. 여기에 불린 쌀국수면을 넣고 물을 약간 넣어 면이 부드러워질 때까지 볶아준다.
2. 계속해서 건새우-숙주-실파-볶음소스를 부어 강불에 볶은 후, 스크램블한 달걀을 넣어 잘 섞어준다.
3. 완성된 요리는 접시에 담는다. 새우를 맨 위에 올리고 구운 땅콩, 칠리 파우더(취향대로), 라임(분량 외)을 뿌려낸다.

※ 두부를 도톰하게 썰어 노릇하게 지져 곁들이기도 한다.

Golden Bags
춘권피 금복주머니

재료

속재료
오일 1큰술
다진마늘 1/2큰술
다진고수 1/2큰술
(줄기, 뿌리 다진 것)

다진감자 100g(1/2개 분량)
다진양파 50g(1/4개 분량)
다진양배추 50g
다진연근 50g
소금 1/2작은술
설탕 1/2큰술
백후추 넉넉히

튀김용 기름 적당히

골든백
춘권피 4×4인치(12장)
참나물 줄기
(묶어주는 용)

칠리소스 약간
(Sweet or Hot)

만드는 과정

속재료 준비
1. 마늘, 고수, 감자, 양배추, 연근은 곱게 다진다.
   웍에 기름을 두르고, 다진마늘과 다진고수를 넣어 향이 베어나오게 볶는다.
2. 1에 다진감자-양파-양배추-연근을 넣어 익힌 후, 소금, 설탕, 후추로
   양념해 펼쳐 식힌다.
3. 주머니를 묶을 참나물은 살짝 데쳐 펼쳐 식혀둔다(태국에서는 판단누스
   잎을 이용해 묶어준다).

골든백 만들기
4. 춘권피 한가운데에 2의 속재료를 한 스푼 떠넣고 동그랗게 접어 백모양
   을 만들어 참나물 줄기로 묶어준다.
5. 달궈진 기름에 황금빛 갈색을 띨 때까지 튀겨준다.
6. 칠리소스(Sweet or Hot)를 곁들여 낸다.

※ 다진 돼지고기를 섞어 하기도 하고, 새우살을 넣어도 좋다.
※ Golden Bag은 Golden Pouch라고 불리우고, 태국에서는 Water
   Chestnut이나 Lotus Seed를 넣어 만든다.

Glass Noodle Salad
얌운센

재료

버미셀리면 50g
새우 10마리
물 3큰술

셀러리 30g
쌈채소 30g
양상추 30g
실파 2대
샬롯 1개
고수 약간
구운 땅콩 약간

소금, 후추 약간

드레싱

다진 작은고추 2개
(Hot, Fresh)
라임주스 2큰술
피시소스 2큰술
설탕 1큰술
다진마늘 1큰술
스리랏차소스 1큰술
고수잎 약간

만드는 과정

준비

1. 버미셀리면은 30분간 물에 담가 불렸다가 30초 정도 끓는 물에 삶아 찬 물에 헹구어 물기를 제거한다.

2. 셀러리, 실파는 4cm 길이로 썰고, 샬롯은 채 썰고, 코리앤더는 이파리만 뜯어놓는다.

3. 볼에 다진 고추, 라임주스, 피시소스, 설탕, 다진마늘, 스리랏차소스, 고수잎을 넣고 어우러지도록 잘 섞어 드레싱을 만들어 놓는다.

4. 팬에 물을 약간 넣고 끓으면 새우(소금, 후추 약간)를 넣어 익혀 빼둔다.

5. 면을 완성그릇에 담고 **4**의 새우와 손질해 둔 채소 셀러리, 실파, 샬롯을 넣고 섞어 접시에 낸다. 구운 땅콩을 뿌려낸다. 드레싱을 곁들여낸다.

※ 다진 돼지고기를 익혀 넣거나, 목이버섯도 불려 한입 크기로 썰어 데쳐 섞어도 좋다.

베트남

끈기와 부지런함으로 일군 나라

동남아시아의 인도차이나반도 동부

수도	하노이
언어	베트남어
기후	아열대기후(북부), 열대몬순기후(남부)
종교	불교 12%, 가톨릭교 7% 등
대표음식	쌀국수, 월남쌈

베트남의 길거리음식과 시장풍경

베트남의 요리 : **1-2**. 반세오, **3-4**. 베트남 피자, **5**. 퍼, **6**. 분짜, **7**. 반미, **8**. 고이꾸온, **9**. 반깐,
10. 짜조(넴)와 고이꾸온, **11**. 반꾸온

1. 베트남의 식문화

베트남은 지리적 위치로 인해 많은 인종이 이동하고 여러 문화가 교류한 통로의 역할을 해왔다. 89%가 베트남인이며 54개의 소수민족이 있다. 역사적으로 잦은 침입과 전쟁이 끊이지 않아 전쟁을 통해 다른 나라의 음식문화를 접하게 되었으며, 자연스럽게 베트남 원래의 식생활과 더해져 다양하고 독특한 식문화를 갖게 되었다.

베트남은 1860년경 프랑스에 의해 식민지화되었다. 이후 프랑스의 영향을 받아 종교는 가톨릭을 받아들였으며, 음식문화와 언어에서도 프랑스풍이 성행하였다. 특히 상류사회에서는 프랑스의 생활양식을 많이 도입하였다. 그럼에도 불구하고 음식문화는 아직도 중국의 영향이 많이 남아 있어 식품의 가치체계는 음과 양의 조화를 많이 고려하고 있다.

젓가락을 사용하거나 기름으로 볶는 조리법과 면류의 이용, 된장과 같은 장류, 두부, 쌀을 주식으로 하는 문화이다. 10세기경에는 몽고족이 베트남을 점령하여 쇠고기를 먹기 시작하였고, 쇠고기로 국물을 낸 쌀국수 퍼(Pho)를 만들어 먹기 시작했다.

베트남 중부의 캄파(Campa)왕국과 남부의 푸란(Puran)왕국은 베트남의 중부와 남부 음식에 영향을 주었다. 아직도 베트남 중부의 후에(Hue)지역에서는 예전의 화려했던 궁중음식을 맛볼 수 있다. 인도 무역선의 중간 기착지였던 남부지역은 커리와 같은 향신료를 쉽게 얻을 수 있었다. 따라서 남부지역은 향신료가 많이 들어간 요리가 발달하였다. 또한 태국과 라오스로부터 새우페이스트, 레몬그라스, 바질, 민트 등이 도입되었다. 이들 재료와 인도의 향신료가 베트남의 남부요리에 영향을 주어 맵고 자극적인 음식으로 발전하기 시작했다.

16세기경에는 포르투갈과 스페인의 탐험가들에 의해 전해진 토마토, 땅콩, 옥수수, 칠리 등이 도입되기 시작했다. 19세기 중엽 무렵에는 베트남이 프랑스의 식민지가 되면서 프랑스요리의 영향을 받았는데, 국물을 만들기 위해 쇠고기를 볶는 소테(Saute)와 끓여서 만드는 시머링(Simmering)의 조리법이 요리에 적용되었다. 베트남의 바게트빵인 '반미'는 쌀과 밀가루를 섞어서 만든 것으로 딱딱하고 모양이 프랑스의 바게트와 비슷한데 빵 안에 햄, 고기, 채소, 허브 등을 넣어서 점심대용으로 먹기도 하고 길거리음식으로 많이 판매되고 있다. 베트남 음식은 프랑스, 유럽에도 전해졌고, 베트남전쟁 후에 미국으로 이주한 베트남인들이 미국에서 식당을 열어 전 세계적으로 베트남음식이 대중적인 인기를 얻게 되었다.

2. 베트남의 음식

1) 베트남 음식의 특징

베트남의 음식은 주식과 부식의 구별이 뚜렷하며, 주식은 쌀이다. 쌀을 가공한 쌀면, 종이와 같이 얇게 만든 라이스페이퍼 등 쌀가루를 이용한 가공식품을 많이 사용한다. 쌀밥은 우리나라처럼 반찬을 곁들여 먹기보다는 보통 덮밥 또는 볶음밥의 형태로 먹으며, 퍼(Pho)라 하는 쌀면은 육류와 채소를 넣어 끓이고 상에 내기 직전에 숙주나물과 허브를 넣어 양념과 함께 먹는데 이것이 바로 베트남 쌀국수이다. 베트남 국수는 종류가 많고 다양하지만 쌀로 만든 것이 대부분이며 비빔국수, 물국수 등으로 요리해서 먹는다.

또한 베트남 사람들은 채소를 매우 많이 먹는다. 특히 쌀로 얇게 종이처럼 만들어 말려 놓은 라이스페이퍼(Rice Paper)로 생채소를 싸 먹기도 하며, 식사 때마다 상 위에 올려 놓고 먹는다. 베트남 전통 향미채소인 공심채(물 시금치, Water Spinach; 흔히 Morning Glory로 불림), 바질, 고수(Coriander), 박하 등을 즐겨 먹고, 칠리고추, 마늘, 파, 생강, 레몬그라스를 베이스로 사용하여 베트남 음식의 특이한 맛을 내고 음식 색의 조화도 이루고 있다.

열대성 과일을 많이 섭취하며 바나나 잎으로 음식을 싸서 조리하는 것 또한 특이하다. 생선을 발효시켜 만드는 느억맘(Nuoc Mam)이라는 젓갈로 음식의 간을 하는데, 이것은 태국, 중국, 필리핀, 캄보디아, 라오스 등지에서도 사용하는 소스이다.

태국 음식과 재료는 비슷하지만, 태국 음식보다는 신맛, 단맛, 매운맛을 내는 조미료를 적게 쓴다. 커리 음식이 별로 없으며, 자극적인 향신료를 적게 사용하여 덜 맵다.

식사 전후에 차를 즐겨 마시며 식사 도중에는 '짜다'라는 음료를 마신다. 또한 말린 꽃, 장미, 자스민, 국화 또는 연꽃 등을 넣어 향을 내어 마시며, 커피에도 우유나 크림을 넣기보다는 연유(Condensed Milk)를 넣어 달게 한 것을 즐겨 마신다.

(1) 남부지역

메콩강 하류에 퍼져 있는 남부지역은 베트남 제일의 곡창지대이며, 연중 매우 덥고 바다에서는 다양한 종류의 생선, 해안 늪지대에서는 많은 양의 새우, 메콩강에서는 풍부한 민물고기가 잡힌다. 음식의 맛은 대체적으로 단맛이 많이 나며, 양념은 주로 느억맘

(Nuoc Mam)에 라임이나 매운 고추를 섞어 만든다. 중국식 국수같은 노란 면이나 튀김면을 볼 수 있는 것도 남부지역이다. 프랑스, 미국, 태국 요리의 영향을 많이 받았으며, 남부지역의 쌀국수에는 생채소를 많이 넣어 먹는다.

(2) 중부지역

중부지역의 대표적인 요리로 자주 '후에(Hue, 베트남 옛 왕조 : 1802~1945)요리'가 등장한다. 후에는 한때 베트남의 수도였기 때문에 아직도 그 당시의 격식을 갖춘 궁중요리가 전해져 내려오고 있다. 날씨가 시원한 중부지역은 칠리를 많이 사용하고 음식이 자극적이고 무겁다. 멜론, 호박, 아스파라거스, 망고, 파인애플, 딸기, 안티쵸크 등 다양한 작물이 생산되고 야생조류, 민물고기, 조개류가 풍부하다. 중부지역의 대표적인 쌀국수는 '분보후에'라 하여 두꺼운 쌀국수에 어묵, 쇠고기, 돼지족발 같은 고명을 얹고 쇠고기 국물을 넣어 육수의 맛은 진하고, 붉은 칠리고추로 맛과 색을 낸다.

(3) 북부지역

산악지대인 북부지역은 수도 하노이를 중심으로 발달하였다. 북부지역 음식은 남부보다는 달지 않고 시지 않으며 간이 약하고 담백한 맛이 특징이다. 쌀이 풍부하고 겨울철에는 온대성 채소들이 많이 생산되는 곳이다. 전쟁으로 많은 고통을 겪은 지역의 특성상 조리법이 단순하다. 불을 사용하지 않고 조리하는 음식이 많고 밥을 먹기 위해 찍어 먹는 디핑소스(Dipping Sauce)는 느억짬이라 하고, 대부분의 베트남 음식에 곁들여진다. 한국에서는 '월남쌈'으로 불리는 음식은 '고이꾸온(Goi Cuon)'이라고 하는데 새우, 돼지고기, 생채소 등을 얇은 라이스페이퍼에 싸서 먹는 음식으로 하노이지방이 유명하다. 북부지역의 쌀국수는 육수가 담백하며 국물에 라임주스와 후추를 많이 넣어 국물 맛이 새콤하면서 맵다. 남부지역의 퍼(Pho)처럼 쪽파, 파슬리, 숙주, 코리엔더 등을 넣지만 생채소를 많이 넣어 먹지는 않는다. 국내에 유행하고 있는 '분짜(Bun Cka)' 또한 북부지역인 하노이에서 유명한 음식이다.

2) 베트남의 주식

(1) 껌(Com)

'식사하다'는 베트남 말로 안껌(An Com)이다. 베트남도 한국처럼 쌀이 주식이다. 베트남의 주된 쌀은 우리나라 쌀과 달리 찰기가 없는 동남아지방의 인디카종 쌀이다. 반찬은 주로 고기(생선), 생채, 국으로 이루어진다.

베트남인들은 긴 젓가락만 사용하여 밥을 먹는데 쩬(chen)이라는 작은 종지 같은 밥그릇을 들고 먹는다. 찰기가 없는 밥을 젓가락만 사용하여 먹다 보니 밥그릇을 들고 먹어야 하며 국물은 마시기도 한다. 시내에는 껌빈전(Com Binh Dan : 서민밥집)이라 불리는 밥집이 많이 있는데, 이곳에서는 주로 접시에 밥, 고기, 채소를 얹어서 준다.

(2) 퍼(Pho)

뜨거운 쌀국수이다. 국물은 뼈다귀를 우려낸 물이며, 첨가되는 고기 종류에 따라서 퍼의 종류가 나뉘어진다. 쇠고기를 넣으면 퍼보(Pho Bo), 닭고기를 넣으면 퍼가(Pho Ga)이다. 주로 '퍼보'를 즐겨 먹는다. 뜨거운 국물에 쌀국수와 파, 고기가 들어 있고, 본인 취향에 따라 생채소(허브류, 숙주나물 등)와 레몬즙, 고추 혹은 고추소스, 달걀, 튀긴 빵(꿔이)을 곁들여서 먹을 수가 있다.

현지인은 주로 아침식사나 간단히 요기를 할 때 퍼(Pho)를 먹는다.

(3) 반미(Banh Mi)

프랑스 바게트빵과 비슷하며, 겉이 딱딱해서 그냥 떼어 먹기도 하나 대부분 빵 가운데를 잘라서 달걀 후라이를 넣거나 말린 돼지고기, 채소를 넣어서 먹는다. 반미는 베트남 전역에서 구할 수 있으며 쉽게 상하지 않고 걸어 다니면서 먹을 수 있고 어디서나 허기를 채워줄 수 있는 빵이다.

반미 역시 베트남인의 아침식사용으로 애용된다. 특히 지갑이 얇은 학생들에게 인기가 좋다. 반미 외에도 반깐(Banh Can)라는 조그만 쌀 풀빵도 아침식사로 많이 먹는 음식이다.

(4) 반짱(Banh Trang)

반짱은 느억맘(Nuoc Mam)과 함께 베트남을 대표하는 식재료이다. 지름이 약 30cm 정도 둥근 보름달 모양의 라이스페이퍼(Rice Paper)를 반짱이라고 한다. 반짱은 베트남 중부지방의 특산품으로 반짱을 이용해 다양한 요리를 만들 수 있다. 쌀가루를 갈아 끓인 액을 거꾸로 뒤집은 가마솥 뚜껑에 적당량을 붓고 그 밑은 장작불을 피워 살짝 구워낸다. 이 반짱을 둥근 대나무판 위에 올려놓고 볕에 말린다. 그러면 둥글둥글하고 딱딱한 반짱이 만들어진다. 이렇게 만든 반짱은 오랜 시간 동안 보관이 가능하며 들고 다니기도 편하다.

(5) 베트남 액젓, 느억맘(Nuoc Mam)

한국에서는 '장맛을 보면 그 집 음식 솜씨를 알 수 있다'는 말이 있듯이 베트남에서는 느억맘 맛을 보면 그 집 아낙네의 음식 솜씨를 가늠할 수 있다. 느억맘은 일종의 젓갈 발효소스이다. 멸치와 비슷한 까껨(Ca Com)에다 소금, 설탕을 넣는다. 이를 장독에 넣어 바람이 잘 통하는 곳에서 발효시킨다. 이렇게 하여 잘 발효된 것을 천에 걸러내면 붉고 투명한 액이 나오는데, 이것을 느억맘이라고 부른다. 느억맘의 용도는 무척 다양하며, 우리나라의 장, 초장 등을 대신한다고 보면 된다. 밥먹을 때 느억맘을 슬슬 뿌려 먹기도 하고, 음식 찍어 먹을 때, 싱거울 때 등 베트남 음식 중 약방의 감초 역할을 하는 것이 느억맘이다.

(6) 베트남 팥빙수, 쩨(Che)

쩨는 한국의 팥빙수와 비슷한 음식이다.

쩨의 주원료는 콩이다. 콩에도 흰 콩, 검은 콩, 땅콩까지 그리고 녹두, 팥, 코코넛 껍질 등 원료는 참으로 다양하다. 먹을 때는 유리컵에 쩨와 가는 얼음을 적당량 섞어서 먹는데, 식후 시원한 쩨 한 잔이 베트남에서는 가장 좋은 디저트이다. 베트남에서 덥고 피곤할 때는 쩨 이상의 음식이 없을 것이다.

(7) 베트남 커피

전 세계 5,000여 종의 커피 중 베트남에서 재배되고 있는 종류는 보통 4가지이며, 심은 지 2년이면 수확할 수 있고 약 20~25년간 수확이 가능하다. 베트남에서 커피나무가 재배되기 시작한 것은 1857년부터였다. 베트남인들은 매우 진한 커피를 마시며 프랑스의 영향을 받아 카페오레를 마시기도 한다. 베트남에서 커피는 중부 산간지대에서 재배된다. 이러한 커피는 베트남 수출품의 중요한 부분을 차지하고 있다.

3) 베트남의 일상식

(1) 아침

베트남 사람들은 이른 아침은 따뜻한 한 그릇 음식을 즐긴다. 쇠고기나 해산물을 넣은 죽(차오, Chao)이 전형적인 아침 음식이고, 닭고기를 넣은 쌀국수(퍼가, Pho Ga), 돼지고기를 넣은 쌀국수(차오 칸, Chao Canh), 쌀가루를 이용해 만든 야들야들한 반죽에 채소, 고기를 넣고 쪄 낸 반꾸온(Banh Cuon) 등을 아침에 먹는다.

(2) 점심

가볍게 먹으며 집 밖에서 먹을 경우에는 쌀국수, 차가운 국수 샐러드, 껌디아를 주로 먹는다. 집에서 먹을 경우에는 밥, 맑은 국, 해물과 채소 볶음, 고기와 채소 볶음 등으로 구성된 식사를 한다.

(3) 저녁

키가 낮은 식탁에 둘러앉아 가족이 함께 음식을 먹으며 밥, 느억맘(Nuoc Mam), 국, 생선, 고기음식, 채소음식, 피클, 생채소 등이 저녁상에 오른다. '반미(Banh Mi)'로 샌드위치를 만들어 먹기도 한다. 조리법으로는 데치기, 굽기, 튀기기, 볶기, 조리기 등이 이용되며, 중국 냄비와 비슷한 웍으로 간단하게 볶아내는 조리법이 많이 사용된다.

■ **베트남의 식사예절**

① 밥은 작은 공기에 담은 후 밥그릇을 입가에 대고 젓가락을 사용하여 입에 넣는다.
② 여럿이 먹는 음식을 덜 때에는 젓가락을 거꾸로 사용한다.
③ 밥을 다 먹은 뒤에는 젓가락을 밥그릇 위에 가지런히 얹어 놓는다.
④ 밥그릇에 밥이 있을 때 젓가락을 밥에 꽂아 두는 것을 불쾌하게 여기고, 친절의 표시로 자신이 먹던 젓가락으로 음식을 집어 상대방의 밥그릇 위에 얹어 주는 경우가 있다.
⑤ 식사 도중 식탁 위에 숟가락을 놓을 때에는 반드시 엎어 둔다.
⑥ 찬물보다는 뜨거운 차를 마시기를 즐겨며, 차는 한꺼번에 마시지 않고 조금씩 음미하면서 마셔야 한다.

---

4) 베트남 음식의 종류

(1) 쌀

- **껌 까리 가**(Com Ca Rig Ga) : 닭고기 카레 덮밥
- **껌 보**(Com Bo) : 쇠고기 덮밥
- **껌 땀**(Com Tam) : 새우 덮밥

(2) 국수

- **퍼보**(Pho Bo) : 쇠고기와 쇠고기 국물을 넣어 말은 국수
- **퍼가**(Pho Ga) : 닭고기를 넣어 말은 국수
- **분**(Bun) : 국수보다 가는 둥근 원형의 면발로 닭고기, 돼지고기 등과 함께 느억맘 디 핑소스에 찍어 먹는다.
- **분짜**(Bun Cha) : 베트남식 냉국수로 채소와 분, 숯불에 구운 고기완자를 새콤달콤한 느억맘 디핑소스에 찍어 먹는다.

(3) 쌈

- **고이꾸온**(Goi Cuon) : 쌀로 만든 얇은 라이스페이퍼에 채소와 고기를 넣어 김밥처럼 말아서 만든 음식
- **반 꾸온**(Banh Cuon) : 고이꾸온과 비슷하며, 마른 라이스페이퍼 대신 촉촉한 쌀반죽을 이용해 만든다. 맛이 부드러워서 아침에 즐겨 먹는다.
- **짜조**(Cha Gio) : 고이꾸온을 튀긴 것으로 주로 중요한 가족행사나 설날에 사용하며 전채요리로 이용한다.

(4) 전골

- **러우 예**(Lau De) : 베트남의 전통 궁중전골요리의 대명사로 염소탕이라 한다. 한약재를 포함해 43가지의 재료를 넣어 염소고기와 끓여낸다.
- **러우 하이 산**(lau Hai Sun) : 새우, 조개, 굴 등과 함께 각종 채소를 듬뿍 넣어 끓인 전골
- **러우 텁 껌**(Lau Thap Cam) : 육류이든 해산물이든 가리지 않고 개인의 취향에 맞게 만든 음식

- **러우 까게오**(Lau Cageo) : 까게오탕이라고도 하며 베트남식 미꾸라지탕

(5) 일상에서 즐기는 음료수

- **짜농**(Tra Nong) : 뜨거운 차〈짜 : 베트남 전통차〉를 말한다.
- **짜다**(Tra Da) : 얼음을 넣은 차가운 차를 말한다(모든 음료를 즐긴 후 항상 짜농이 나오며 물 대신 짜다를 주로 마신다).
- **짜이즈어**(Trai Dua) : 코코넛 쥬스, 빨대를 꽂아 음료수로 마신다.
- **느억미아**(Nuoc Mia) : 롤러로 사탕수수 즙을 짜낸 것으로 얼음을 첨가하여 마시면 달콤한 사탕수수 맛을 더욱 느낄 수 있다.
- **느억 짠**(Nuoc Chanh) : 라임주스

■ **베트남의 음료문화**

베트남 사람들은 더운 날씨로 인해 땀을 많이 흘리기 때문에 음료수를 많이 마신다. 발달된 음료문화로 길가에는 천막노천 카페, 교외 카페가 있고, 냉방시설을 갖춘 시내 카페 등 다양한 형태의 카페를 볼 수 있다.

---

(6) 소스와 향신료

- **느억맘**(Nouc Mam, **생선소스**) : 생선에 소금을 넣고 발효시킨 것으로 거의 모든 베트남요리에 들어간다. 우리나라의 액젓과 비슷하며 음식에 짠맛과 힘께 깊은 맛을 더해준다. 조미료로서 사용되기도 하고, 디핑소스를 만드는 데 사용된다.
- **쑈뜨 뜨옹**(Sot Tuong, **호이신 소스**) : 디핑소스를 만들 때 양념으로 사용하며, 볶을 때도 넣는다. 콩 간 것에 5가지 향신료를 넣어 만든 것이다. 쌀국수를 먹을 때나 월남쌈을 먹을 때 넣어 먹거나 디핑소스로 이용한다.
- **뜨엉 오프 토이**(Tuong Ot Toi, **칠리소스**) : 붉은 칠리를 굵게 갈아 생강과 식초를 넣은 것이다. 매운맛을 내는 소스로 국수나 밥에 넣는다.

(7) 베트남의 쌀과 국수

- **가오**(Gao, **쌀**) : 베트남에서는 모양이 길쭉하고 찰기가 없는 인디카종과 찰기가 있는

단립종 쌀이 생산되는데 식사할 때 거의 빠지지 않고 먹는다. 밥, 쌀, 국수, 라이스 페이퍼, 아이스크림, 술, 과자, 죽 등으로 다양하게 사용된다.

- **가오넵**(Gao Nep, **찹쌀**) : 디저트나 아침식사용으로 많이 사용하며, 끈적하고 무거워 푸딩을 만들거나 바나나잎에 싸서 찐 떡 종류를 만든다.
- **밧가오**(Bot Gao, **쌀가루**) : 쌀가루로 크레이프, 케이크를 만든다.
- **반짱**(Banh Tang, **라이스 페이퍼**) : 쌀가루에 소금, 물을 넣고 얇게 반죽하여 끓인 쌀 죽을 대나무 체에 얇게 펴 말린 것이다. 따뜻한 물에 불려서 사용하는데 채소나 고기, 새우 등을 넣고 말아서 먹는 고이꾸온(Goi Cuon), 스프링롤인 짜조(Cha Gio) 등 다양하게 이용된다.
- **분**(Bun, **가는 원형 쌀국수**) : 얇고 가는 쌀국수이다. 누들 샐러드나 국물 있는 국수 등에 많이 이용된다.
- **반 포**(Banh Pho, **넓적한 쌀국수**) : 얇고 넓적한 쌀국수로 누들수프나 볶음국수에 많이 이용한다.

(8) 베트남요리용어

퍼(Pho)	납작한 면	분(Bun)	둥근면	보(Bo)	소고기
꾸어(Cua)	게	가(Ga)	닭	스언(Suon)	갈비
카(Ca)	생선	르언(Luon)	장어	톰(Tom)	새우
옷(Ot)	고추	토이(Toi)	마늘	느엉(Nuong)	숯불구이
랑(Ran)	튀김, 볶음	다(Da)	얼음	껌(Com)	밥
느억(Nuoc)	물	미엔(Mien)	당면	무오이(Muoi)	소금

태국과 베트남 음식의 차이	
• 중국과 영국의 영향 받음 • 향신료의 사용이 많다. • 자극적이고 강하다. • 코코넛 사용이 많다. 태국	• 중국과 프랑스의 영향 받음 • 마일드하고 순한 편이다. • Mix된 요리가 대부분이다. • 쌀이 사용된 요리가 많다. 베트남

■ 베트남

주요 문화가 교류하는 지리적 여건으로 통로역할을 해왔다.

인도, 중국, 프랑스의 문화의 영향으로 서양과 동양의 문화가 어우러진 나라이다. 54개 소수민족이 만들어 낸 많은 종류의 서로 다른 전통음식으로, 고유한 음식문화를 가진 나라이다.

베트남은 음식에서 채소가 차지하는 비중이 많은데, 중국이 지배하던 시절 12,000여종의 식물(과일, 채소, 약초 등)을 가져와 7,000종을 심어 연구하였기 때문이다. 그 중 2,300종이 사용되고 있다(식물, 약품, 기타 목적). 채소 없는 상차림은 상상할 수 없다는 것이 베트남의 음식문화를 나타내는 가장 큰 특징이라고 할 수 있다.

✳ 농경사회-벼 재배/쌀문화

✳ 베트남 호치민 벤탄시장

With lime juice and rice vinegar

느억맘 디핑소스

베트남의 대부분의 음식을 찍어먹거나 무칠 때 사용하는 소스로, 베트남 레시피에
나오는 디핑소스는 본 레시피를 기본으로 한다.

재료	만드는 과정
피시소스 1큰술 설탕 1큰술 물 2큰술 라임주스 1/2큰술 식초 1작은술 다진마늘 1작은술 다진고추 1작은술	**1.** 모든 재료를 차례대로 잘 섞어주고 개인 기호에 따라 단맛과 신맛을 더한다. ※ 마늘과 고추의 다짐 정도에 따라 소스의 농도가 달라질 수 있다. ※ 상큼한 맛을 내려면 따뜻한 물을 코코넛주스나 오렌지주스로 변경한다. 이때 설탕의 양과 라임주스의 양은 조절한다. ※ 채식주의자를 위해 피시소스는 소금과 간장 등으로 대체 가능하다.

〈느억맘 디핑소스〉

〈베트남식 당근 · 무절임〉

Pickled Carrot and Radish

베트남 당근, 무 절임

재료	만드는 과정
당근 1/2개 무 300g 식초 3큰술 설탕 3큰술 물 2큰술 소금 1/2큰술	**1.** 식초, 설탕, 물, 소금을 잘 섞어 입자를 녹여준다. **2.** 당근과 무를 채 썬다. **3.** 채 썬 당근과 무에 1의 피클소스를 부은 후, 당근과 무가 충분히 절어지도록 한다. **4.** 1시간 이상 숙성한다. ※ 모든 동남아식 아삭한 채소에 적용 가능하다(파파야, 양배추, 브로콜리, 마늘 등).

Pho Bo
쌀국수

재료

쌀국수 10인분 800g

쇠고기 양지 600g
등심 600g

고기 삶는 물
물 6리터
생강 1톨
마늘 5톨
양파 1개
팔각 6개(6g)
계피 4g

숙주 500g

양파절임
양파 1개
식초 2큰술
설탕 1큰술
소금 1작은술

라임 1/2개
홍고추/청양고추 1개씩
고수 약간

육수 4L 국물양념
소금 2작은술
피시소스 3큰술

쌀국수소스
해선장 약간
칠리소스(스리랏차) 약간

만드는 과정

----

1. 큰 냄비에 물 6L를 넣고 양파(통째로), 마늘, 생강(편썰기)을 넣어 팔팔 끓으면, 양지와 등심을 덩어리째 헹구어 넣는다.
   다시 끓으면 거품을 걷어낸 후 팔각과 계피를 넣고 1시간 정도 중약불에 뚜껑을 덮어 그대로 한김 식힌 후 고운 망에 거른다.
2. 1의 육수에 소금과 피시소스로 간을 맞춘다.
3. 고기는 식혀 얇게 편으로 썬다.
4. 양파는 얇게 채 썰어 식초, 소금, 설탕에 30분 정도 절여 물기를 꼭 짠다.
5. 쌀국수는 찬물에 담가 충분히(3시간 이상) 불려 두었다가 끓는 물에 살짝 삶는다.
6. 라임은 얇게 슬라이스하고 홍고추와 청양고추는 얇고 둥글게 썬다.
7. 삶은 쌀국수를 그릇에 담고 얇게 썬 고기와 숙주, 절인 양파를 얹고 뜨거운 육수를 부은 후 라임 슬라이스와 홍고추, 청양고추, 고수를 올려낸다.
8. 해선장과 칠리소스를 곁들여 내어 기호에 맞게 먹는다.

Fresh spring rolls with prawns pork and rice noodles

고이꾸온 : 월남쌈

재료	만드는 과정

고이꾸온 12롤 분량
새우 200g

쌀면 100g(bun)
두꺼운 라이스페이퍼 12장
양상추 잎 적당
고수 적당

숙주 100g

1. 새우 준비하기
 – 팬에 물을 끓여 새우를 넣고 익혀준다.
 – 새우를 얼음물에 담가 식히고, 껍질을 벗겨 반으로 갈라둔다.
2. 롤 말아주기
 – 라이스페이퍼를 물에 담가 부드럽게 하거나, 손으로 적셔준다.
 – 라이스페이퍼 위에 새우 2~3마리를 한 줄로 올려준다.
 – 새우 위에 양상추, 쌀면, 고수, 숙주 순으로 재료를 올려준다.
 – 타이트하게 말아준 뒤 약간의 물을 묻혀 고정시킨다.
3. 느억맘 디핑소소를 곁들여낸다.

 ※ 돼지고기를 삶아 식혀 얇게 슬라이스해서 넣고 말아내어도 좋다.
 ※ 생숙주가 생소하면 숙주를 살짝 쪄서 넣는다.

Banh Xeo
반세오

재료

새우 10마리
(껍질을 벗긴다)
돼지목살 100g
(얇게 썬 것)
소금 1작은술
후추 1/2작은술
숙주 50g
양파 1/2개
오일 약간

곁들임 채소

양상추 100g
머스터드잎 100g
타이바질 3쪽
레몬민트 3쪽

반세오 반죽

반세오용 쌀가루 100g
터메릭가루 2/3작은술
물 150ml
코코넛밀크 2큰술
찐 녹두 20g
송송 썬 실파 약간
소금 약간

*느억맘 디핑소스 약간

만드는 과정

1. 새우는 꼬리 한 마디만 남겨 손질하고, 돼지고기는 채 썰고, 양파는 얇게 채 썰고, 실파는 송송 썬다.

2. 녹두는 찌거나 삶아 익힌다.

3. 반세오 쌀가루 반죽을 분량대로 섞어둔다.

4. 깊은 웍에 기름을 두르고 중불로 달군다. 웍에서 연기가 나기 시작하면 돼지고기, 새우를 넣고 볶는다.

5. 웍의 끝부분부터 반죽을 둘러 동그랗게 만들어준다. 찐녹두와 송송 썬 실파를 반죽에 뿌린다. 중약불로 불을 조절해 바삭하고 얇게 부쳐준다. 끝부분이 일어나기 시작하면 기름을 한바퀴 더 둘러준다.

6. 양파, 숙주를 넣고 반으로 접어준다. 1분 더 기다리고 접시에 담아낸다.

※ 당근, 무절임, 쌈채소, 느억맘 디핑소스와 함께 낸다.

Bun Cha
분짜

재료

버미셀리면 150g
각종 향채 적당
(양상추, 숙주, 바질, 박하,
고수, 청상추 등)

다진돼지고기 300g
얇게 썬 삼겹살 300g

고기양념

설탕 3큰술
느억맘(피시소스) 3큰술
다진마늘 1큰술
다진샬롯 2큰술
다진고수뿌리 2~3개분
(또는 레몬그라스)
소금, 후추 약간

만드는 과정

준비

1. 고기양념을 섞어 다진돼지고기와 삼겹살에 각각 반씩 덜어 밑간을 해준다. 다진돼지고기는 한입 크기로 완자를 빚는다.
2. 양념된 완자와 삼겹살을 숯불에 굽는다.
3. 디핑소스에 마늘, 고추, 무와 당근(취향의 따라)을 넣어준다.
4. 가는 쌀국수는 찬물에 담가 3시간 정도 불려 끓는 물에 30초 정도 빠르게 삶아 건지고, 찬물에 헹구어 물기를 뺀다.

   ※ 구운 고기와 쌀국수, 각종 향채, 디핑소스를 각각 그릇에 담아낸다(+오이, 파파야 채 썬 것+구운 땅콩을 볼에 담고, 디핑소스를 부어 비벼 먹기도 한다).

Vietnamese spring roll

짜조 = 넴

재료

라이스페이퍼 20장
(또는 녹두페이퍼)
(물 적당량+식초 또는
라임즙 약간)

버미셀리 쌀국수 50g

다진돼지고기 200g
새우살 150g
목이버섯 7장
양파 1/3개
다진마늘 1/2큰술
달걀 1개

피시소스 1/2큰술
소금, 후추, 전분 약간씩

디핑소스, 칠리소스 약간씩
튀김용 기름 적당

만드는 과정

준비

1. 가는 쌀국수는 찬물에 담가 3시간 이상 불려 끓는 물에 30초 정도 빠르게 삶아 건지고, 찬물에 헹구어 물기를 뺀 후, 1cm 길이로 썰어준다.

2. 돼지고기와 새우는 곱게 다지거나 페이스트 상태가 되도록 커터기에 갈아준다.

3. 목이버섯은 불려 곱게 다진다.

4. 양파는 곱게 다진다(샬롯을 섞어 사용하면 좋다).

완성조리

1. 볼에 다진돼지고기와 다져놓은 새우살, 목이버섯, 양파를 넣고 달걀, 피시소스, 소금, 후추, 전분을 넣고 고루 치대어 준다.

2. 물에 식초나 라임주스를 살짝 섞어 라이스페이퍼에 손바닥으로 한쪽 면만 약간 발라준다.

※ 라이스페이퍼가 부러지지 않고 접힐 정도 만큼만 살짝 발라준다.

3. 180℃ 기름에 튀겨(색이 노릇해질 때까지 오래 튀긴다)낸 후, 디핑소스나 칠리소스를 곁들여낸다.

Banh mi with BBQ ground pork and pickle
반미

재료

돼지고기 400g
반미 4개
고수 4쪽
실파 4줄
오이 1개

고기양념소스

다진마늘 1큰술
다진샬롯 1큰술
후추 1작은술
레몬그라스 1쪽
(잘게 다진 것)
피시소스 1큰술
간장 1큰술
꿀 1큰술
전분 2작은술
오일 1큰술

당근, 무 피클 4인분
느억맘 디핑소스 약간

만드는 과정

1. 돼지고기에 양념을 잘 섞어 30분 이상 재워둔다.
   그릴에 올려 향이 나고 단단하게 잘 익을 때까지 양면을 고루 익혀준다.
2. 오이 끝을 다듬고 껍질을 벗겨 길게 썬다.
3. 고수와 파는 뿌리를 다듬고, 파는 썰어 매운맛을 없애기 위해 얼음물에
   담가 놓는다. 고수는 8cm 길이로 썰어준다.
4. 반미는 바삭할 때 반으로 갈라 안에 재료를 채워넣고 당근, 무 절임과
   느억맘 디핑소스를 뿌려 서빙한다.

※ 취향의 따라 스리랏차소스를 곁들여낸다.

다양한 문화가 공존하는 말레이시아 · 인도네시아 · 싱가포르

말레이반도 남부와 보르네오섬 북부에 걸쳐 있는 입헌군주제 국가

수도	쿠알라룸푸르
언어	말레이어
기후	고온다습한 열대성 기후
종교	이슬람교 60.4%, 불교 19.2%, 기독교 9.1%, 힌두교 등
대표음식	나시르막, 사테, 스팀보트, 락사

인도양과 태평양 사이의 열도

수도	자카르타
언어	인도네시아어
기후	열대성 몬순기후, 고온 무풍다습
종교	이슬람 87%, 기독교 10%, 가톨릭교, 힌두교, 불교
대표음식	나시고랭, 가도가도, 나시 짬푸르

말레이시아와 인도네시아 사이의 섬

수도	싱가포르
언어	중국어, 영어, 말레이어, 타밀어
기후	전형적인 열대기후, 연중 고온다습
종교	불교 33.3%, 기독교 18.3%, 이스람 14.7%
대표음식	락사, 칠리크랩, 테 타릭

말레이시아 · 인도네시아 · 싱가포르

위 세 나라는 지역적으로 근접해 비슷한 음식의 종류와 식문화를 가지고 있다. 특히 대표음식인 나시고랭, 사테, 미고랭, 락사는 조금씩 차이는 나지만 세 나라 어디를 가도 맛볼 수 있는 공통된 음식이다(삼발소스 포함). 따라서 본 책에서는 식문화와 음식의 특징적 부분은 말레이시아 위주로 소개하겠다.

말레이시아의 길거리음식(**1**. 미고랭, **2**. 사테, **3**. 록록)과 시장풍경

말레이시아의 음식 : **1.** 메기고랭, **2.** 사테, **3.** 나시고랭, **4.** 나시케라부, **5.** 나시르막, **6.** 다양한 전통 디저트, **7.** 아얌바카르, **8.** 스팀보트

1. 말레이시아의 식문화

말레이시아의 음식문화는 한마디로 '다문화'라고 표현할 수 있다. 개별적으로 분리되어 있는 여러 문화가 아니라 다양한 문화가 얽혀 더욱 다채로운 맛을 내는 것이 말레이시아 문화라고 할 수 있다. 풍부한 바다와 기름진 땅에서 나는 신선한 재료가 많은 환경도 말레이시아 음식문화 발달에 기여하였다.

말레이시아는 태국, 인도네시아와 국경을 맞대고 있으며 크게 남중국반도와 보르네오 섬 두 곳으로 구분되어 있다. 18세기부터 영국의 식민지가 되어 1950년대 후반에서야 독립되었다. 그 후 1960년대에 싱가포르와 브루나이는 말레이 연방에서 독립하고 지금의 말레이시아 국가체제가 된다. 말레이시아는 홍콩, 싱가포르처럼 경제적으로 많은 성장을 이루어 낸 나라이다.

말레이시아도 여느 동남아 국가들이 그렇듯 영국, 중국, 인도의 영향을 아주 많이 받았으나, 영국 느낌이 나는 음식은 상대적으로 적다.

말레이시아에는 말레이시아사람보다 중국사람이 더 많다는 얘기가 있을 만큼 중국인이 많다. '논야(Nonya)'음식도 말레이시아와 주변국들의 음식 중 중요한 부분이며 가정식으로 많이 알려졌다.

약 400년 전부터 말레이시아 말라카(중국해협)에서 시작된 논야음식은 한마디로 '말레이시아+중국' 식의 매우 독특한 음식이다. 즉, 예전 말레이시아로 이주한 중국인들과 말레이시아인들의 음식이 융합되어 논야라는 독특한 음식문화(음식 이외의 주거 등의 문화를 지칭)를 만들어 냈다.

외국인들과 말레이 여성이 결혼하여 생긴 후손을 '페라나칸(Peranakan)'이라 하며, 그 중 중국계열의 후손 여성을 논야라고 한다. 그들이 만들어내는 화교의 음식과 말레이요리의 퓨전 형태의 음식을 탄생시켰다.

2. 말레이시아의 음식

1) 말레이시아 음식의 특징

말레이인 55%, 중국인 30%, 인도인 10% 등으로 구성된 다인종 국가인 말레이시아는 중국과 인도 음식 등 다양한 요리와 음식문화를 접할 수 있는 국가이다. 말레이반도의 동부는 전통 말레이계 무슬림 음식문화가 강하고, 서부는 인도계, 중국계, 말레이계 음식문화가 공존하며 다른 국가의 요리에도 굉장히 개방적이다.

말레이시아의 전통적인 요리 스타일은 주변국들 즉, 중국, 인도네시아, 인도, 중동 국가들의 영향을 받아 매우 다양한 요리들을 쉽게 맛볼 수 있다. 말레이 요리에는 레몬잎, 판단잎, 라임잎, 신선한 허브, 강황 그리고 생강 등이 요리에 자주 사용된다. 큐민과 코리엔더 같은 전통 향신료도 인도와 중국식 향신료(후추, 생강, 스타아니스 및 호로파) 등과 함께 사용되고 있다. 이렇듯 양념은 말레이시아 음식에서 가장 중요한 것이며, 그 양념과 향신료의 사용이 음식의 맛을 결정한다. 우리나라와 같이 건조된 향신료를 사용하는 것 대신 신선한 강황, 생강, 고추, 양파 그리고 마늘을 사용하는 것이 특징이다.

다양한 향신료를 사용해 요리하지만, 향이 자극적이지 않고 부드러운 양념을 쓰기 때문에 외국인들도 거부감 없이 먹을 수 있는 것이 장점이다.

전체 인구의 60% 이상이 무슬림으로 그 수가 지속적으로 늘고 있으며, 소비자들도 식품을 선택하는 데 있어서 할랄 인증(Halal Certification) 여부를 항상 확인한다.

(1) 말레이식 Malaysia Food

말레이시아의 주식인 쌀은 부슬부슬한 '인디카'종이다. 이것을 전기밥솥이나 그릇에 담아, 끓는 도중에 물을 버리기도 하고 휘젓기도 하면서 끓이면 말레이시아의 쌀밥인 '나시'가 된다. 이때 물 대신 코코넛밀크를 사용하기도 한다. 반찬은 생선, 고기, 채소를 주재료로 하며 갖가지 양념과 향신료를 이용하므로 독특한 맛과 향을 낸다. 기본적인 식사는 '삼발'이라는 양념과 같이 먹는데, 새우 등을 발효시켜서 만든 '발라창'과 고추를 으깬 후 라임즙을 섞어 만드는 말레이식 향신료 소스이다. 사테 같은 말레이 음식은 흔히 볼 수 있고, 볶음밥인 나시고랭도 가장 편하게 맛볼 수 있는 음식이며, 대표적인 말레이시아 아침

식사인 나시르막도 볶음밥에 멸치볶음, 찐 달걀, 닭고기, 칠리소스를 고명으로 얹어 맛있게 즐길 수 있는 음식이다.

(2) 중국식 Chinese Food

말레이시아에서는 모든 종류의 중국 음식을 먹을 수 있으며 사바나 사라왁 등지의 말레이시아 동쪽에서의 중국 음식은 주로 쌀과 채소를 섞어 요리한 음식과 해산물을 볶거나 튀겨 만든 음식이 대부분이다. 그 중에서도 바쿠테는 말레이시아에 사는 중국인들의 대표적인 보양식으로, 한국인에게도 익숙한 한약 맛이 난다. 돼지갈비, 두부, 버섯 등의 재료를 한약재와 함께 항아리에 넣고 푹 우려낸 것으로 밥과 함께 먹으면 든든한 한 끼가 된다. 이밖에 샤브샤브처럼 육수에 두부, 채소, 해산물 등을 데쳐 먹는 스팀보트도 부담 없이 먹을 수 있는 말레이시아의 중국 음식이다.

(3) 인도식 Indian Food

말레이시아에서의 인도 음식은 남인도, 북인도 음식과 인도계 무슬림요리인 '마막(Mamak)'으로 크게 나눌 수 있다. 남인도 음식은 채소를 주로 써서 채식주의자들이 선택할 수 있는 메뉴가 다양하며, 매운 맛이 강한 것이 특징이다. 북인도의 모굴요리는 값이 비싸 대중적인 음식은 아니지만, 고급스러운 레스토랑에서 인도 음식을 맛보고 싶을 때 적당한데, 고기를 많이 쓰고 맛은 순한 편이다. 마막은 맛이 순하고 고기를 많이 사용하는 편이며, 대표적인 요리로는 닭고기나 양고기 카레를 곁들이는 비르야니(Biryani)를 꼽을 수 있다. 마막은 대부분 저렴하고 24시간 영업하는 곳이 많아 늦은 밤 야식으로 제격이다. 난과 탄두리 치킨, 달걀과 버터로 반죽해 카레와 곁들여 먹는 빵인 로티 차나이(Roti Canai)와 말레이시아 바닷가에서 흔히 먹는 피시헤드커리 등을 즐겨 먹는다.

(4) 논야 Nyonya

중국 남성을 가리키는 '바바(Baba)'와 말레이 여성을 가리키는 '논야(Nonya)'의 합성어로 중국문화와 말레이문화의 결합을 의미하는 '바바 논야'에서 이름을 따온 논야요리는 중국과 말레이시아 음식의 현지 변종이다. 중국 조미료와 고추나 코코넛밀크, 고수, 큐민 같은 현지 향료를 함께 넣어 요리한다. 논야요리는 식당 음식이라기보다는 집에서 만들어 먹을 수 있는 간단하면서도 대중적인 요리에 속한다. 가장 쉽게 사 먹을 수 있는 대표적인 논야 메뉴는 코코넛밀크를 많이 넣어 향이 강한 수프인 '락사'이다. 고전적인 논야요리로 모든 말레이시아인이 즐기는 락사는 향이 진한 편이지만 국물이 매콤해서 한국인의 입맛에도 잘 맞는다. 특히 포장마차 형태의 거리 음식점에서 흔한 메뉴다.

논야 음식 역시 다른 말레이시아 음식들과 같이 다양한 재료를 섞어 만든 향신료가 주가 된다(강황, 생강, 판단잎, 라임잎, 새우가루, 고춧가루 등). 또한 레몬, 타마린드 혹은 망고 등을 음식 맛을 낼 때 사용한다.

(5) 호커푸드 Hawkers Food

많은 이들이 쿠알라룸푸르를 '문화와 놀이'의 중심지라 말한다. 하지만 '호커푸드 (Hawkers Food)'의 중심지는 수도인 쿠알라룸푸르가 아닌 '페낭(Penang)'이다. 페낭은 'The heaven of food'라는 애칭이 있을 정도로 정말 다양한 호커음식이 존재한다. 호커는 간이 행상(포장마차)을 이용하여 과일, 음료, 음식들을 파는 것을 말하는데(페낭에는 엄청난 수의 행상들이 존재하며 이 행상들이 바로 호커이다.), 페낭에는 시내, 번화가, 변두리 할 것 없이 많은 호커센터가 자리하고 있다.

2) 말레이시아의 일상식

다른 아시아 국가와 마찬가지로 말레이시아의 주식은 쌀이고 적어도 하루에 한 번은 쌀밥을 먹는다. 이로 인해 나시고랭(Nasi Goreng), 나시르막(Nasi Lemak) 등 다양한 전통 쌀요리가 전 세계적으로 유명하다.

신선한 재료들(건조되지 않은)과 일부 건조된 향신료들을 코코넛밀크와 함께 기름에 조리하여 말레이시아 전통 '양념'을 만들어 먹는다. 모든 반찬들은 한꺼번에 준비되어 제공되며, 또한 특이하게도 숟가락과 젓가락 대신 손(오른손)을 이용하여 식사를 한다.

말레이시아에는 새우, 오징어 등을 이용한 요리와 많은 생선요리가 있다. 이슬람 국가인 말레이시아의 특성상(돼지고기 금지) 소고기와 양고기, 닭고기가 가장 대중적이다. 말레이시아의 독특한 음식 중 하나가 바로 '로티잘라(Roti Jala)'이다. 로티잘라는 향신료 맛이 나는 팬케이크로 모든 음식(특히 즙이 많은 음식—국/수프류)과 환상의 궁합을 이룬다.

3) 말레이시아 음식의 종류

(1) 쌀

❶ 나시고랭(Nasi Goreng)
말레이시아식 볶음밥

❷ 아얌고랭(Ayam Goreng)
가장 대중적인 닭 볶음밥. 커리 파우더와 심황 등의 양념에 치킨을 재워두거나 밥과 볶아낸다.

❸ 나시다강(Nasi Dagang)
쌀과 찹쌀을 섞어 볶아 만든 일종의 볶음밥. 볶음밥을 완성하면 약간의 코코넛밀크를 첨가한다. 참치커리와 약간의 채소피클과 함께 먹으면 별미이다.

❹ 나시르막(Nasi Lemak)
코코넛밀크를 넣고 찐 밥을 삼발, 삶은 달걀, 마른 멸치, 오이, 땅콩 그리고 치킨 또는 생선과 함께 곁들여 먹는다.

(2) 면

❶ 미고랭(Mi Goreng)
말레이시아식 볶음국수

❷ 메기고랭(Maggi Goreng)
말레이시아 라면을 볶은 음식

(3) 구이

❶ 사테(Satay)
향신료가 첨가된 숯불 꼬치구이. 길거리음식으로 인기가 높다. 말레이시아, 싱가포르

의 먹거리 골목이나 야시장을 들어서면 어디선가 군침도는 숯불구이 냄새가 나며 숯불연기 속에서 연신 부채질을 하고 있는 상인들을 볼 수 있다. 이것이 바로 야시장의 백미인 사테 굽는 모습이다. 사테는 쇠고기, 닭고기 등을 꼬치에 꽂아 숯불에 구운 꼬치구이 요리인데 말레이시아, 싱가포르의 최고의 간식거리라고 해도 과언이 아니다. 사테 굽는 냄새를 한 번 맡으면 누구나 사테의 매력에 빠져들게 된다.

사테가 구워지면 달콤한 땅콩소스에 찍어서 오이와 함께 곁들여 먹는다. 사테의 재료로는 닭고기, 쇠고기, 돼지고기 등이 주로 쓰인다. 흔히 닭고기와 쇠고기 사테가 일반적이며 10꼬치에 4링깃 정도 한다. 우리나라의 닭꼬치보다 훨씬 작기 때문에 넉넉히 시켜야 만족스럽게 먹을 수 있다.

- **사테 아얌**(Satay Ayam) : 그야말로 닭꼬치. 사테의 가장 기본적인 형태
- **사테 리릿**(Satay Lilit) : 다진 고기로 만든 닭꼬치

❷ **로티(Roti)**
- **로티 차나이**(Roti Canai) : 인도식 버터 기(Ghee)와 기름으로 만든 쫄깃한 난
- **로티 티슈**(Roti Tissue) : 최대한 얇게 편 밀가루 반죽을 기름에 바삭하게 굽고 설탕을 뿌린 난

(4) 디저트
더운 날씨와 높은 습도의 영향 때문에 말레이시아에는 유난히 달콤한 맛이 강한 디저트가 많다.

① **첸돌**(Cendol) : 곱게 간 얼음에 코코넛밀크, 시럽, 초록 면처럼 생긴 첸돌을 곁들이는 일종의 빙수이다.

② **아이스 카창**(Ice Kacang) : 과일이나 과일맛 시럽, 젤리, 팥 등 좀 더 여러 가지 재료가 들어가는데, 망고나 두리안 등 원하는 맛을 선택할 수 있다.

(5) 열대과일
말레이시아에서는 두리안, 망고스틴, 람부탄, 구아바, 파파야, 코코넛, 드래곤 프루츠 등 적도지방의 과일들을 맛보는 즐거움 또한 크다.

① **두리안** : 과일 중의 왕이라 불리는 두리안은 색다른 미각의 추억을 남긴다. 가시가

붙어 있는 녹색의 커다란 열매로 노란색 과육은 부드러우면서 달콤하며 독특한 향이 난다.

② **망고스틴** : 과일의 여왕이라 불리는 망고스틴은 자주색에 꼭지가 달려 있으며 두꺼운 껍질을 벗기면 말랑말랑한 하얀 과육이 들어있는데, 모양은 마늘과 같다.

③ **코코넛** : 말레이시아에서는 요리에도 많이 쓰이는 재료로, 거리에서 빨대를 꽂아 음료처럼 파는 코코넛은 갈증을 해소하고 기운을 북돋워 준다.

우기가 끝나면 과일 철이 시작되어 신기한 열대과일을 많이 만날 수 있다.

■ **말레이시아 식사예절**

말레이인들은 가족 유대를 중시하는 민족으로 저녁식사는 주로 집에서 가족과 함께 하는 것을 선호한다.

이슬람교도들은 돼지고기를 먹지 않으며 일부 중국인과 힌두교인은 쇠고기를 먹지 않으니 주의하며, 이슬람교도와 식사할 때는 식당에서 할랄 음식을 제공하는지를 미리 확인하는 것이 좋다.

① 말레이시아 국민들은 음식을 먹을 때 손을 사용하며 손가락 엄지, 검지, 중지의 두 번째 마디까지만 사용한다.

② 손으로 음식을 먹을 때는 항상 오른손을 사용하고 중국 음식의 면류를 먹을 때는 젓가락을 사용한다.

③ 점심 또는 저녁 식사에 초대하는 경우, 사전에 종교가 무엇인지를 확인하고 결례를 범하는 일이 없도록 해야 한다.

■ 말레이시아

티베트지역에서 남하한 말레이인과 400년전 중국 운남지역의 이주민들이 말레이인의 선조로 추정된다.

- 페라나칸 : 말레이어로 '후손'을 뜻한다. 중국계나 인도계 사람이 말레이시아계와 결혼해 생겨난 후손이다. 그 후손을 여자는 '논야', 남자는 '바바'라 한다.

■ 페라나칸 문화

논야요리, 바바요리는 말레이시아에서 독립된 요리로 자리잡았다. 중국요리법에 말레이시아 재료를 사용한 그들만의 독특한 요리이다. 논야는 음식, 바느질, 수공예 솜씨가 매우 뛰어나 논야의 문화를 알면 말레이시아를 이해하는 데 도움이 된다.

- 페라나칸의 '락사(laksa)'요리 : 생선으로 우리나라의 추어탕처럼 향신료를 넣고 요리하는 음식으로 매우 복잡한 맛을 낸다. 육수, 면, 토핑에 따라 다양한 맛의 락사를 즐길 수 있고, 같은 락사를 매일 먹어도 지겹지 않을 정도이다.

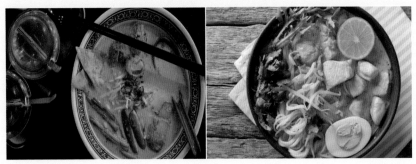

〈락사〉

Nasi Goreng Ayam

나시고랭 아얌

재료

식용유 3큰술
정향가루 약간
넛맥가루 약간
베트남고추 3개
다진마늘 1큰술
닭가슴살 1개

밥 1.5공기(300g)

볶음양념

케쳡마니스 1큰술반
청주 1큰술
피시소스 1큰술
호이신소스 1큰술
소금, 후추 약간

숙주 100g
달걀 2개
실파 5줄

안남미 밥짓기

쌀 1컵 180cc
물 1컵반 250cc

만드는 과정

1. 팬에 식용유를 둘러 정향가루, 넛맥가루, 베트남고추를 볶다가 다진마늘, 닭가슴살(굵은 Chop)을 넣어 익힌 후, 밥을 넣어 알알이 볶아준다.
2. 볶음양념을 넣고 고루 섞으며, 숙주를 넣어 볶는다.
3. 볶음밥을 팬 한쪽으로 밀어내고 달걀을 풀어 스크램블 에그를 만든 후 전체를 섞어낸다.
4. 실파(송송썰기)를 듬뿍 뿌려낸다.

   ※ 달걀을 후라이로 올리거나 사테와 새우칩, 라임조각을 곁들여낸다.

안남미 밥 짓는 법

1. 쌀을 여러 번 문질러 충분히 씻어준다.
2. 물을 붓고 뚜껑을 열고 끓으면, 중불로 물이 거의 없어질 때까지 익힌다. (가끔만 저어주기)
3. 뚜껑을 덮고 약불에 5분 동안 두었다가 불을 끄고 3분간 뜸을 들인다.

   ※ 케쳡마니스 : 점성이 있는 말레이시아의 단맛 나는 간장. 나시고랭에 대중적으로 사용된다.

Satay Chicken
치킨사테

재료

산적꼬치 8개

닭안심 200g
다진갈랑갈 1/2 작은술
다진레몬그라스 2작은술
다진라임잎 약간

터메릭 파우더 1작은술

큐민가루 약간
고수씨앗가루 1/2작은술
설탕 1큰술
간장 1/2작은술
피시소스 1작은술
코코넛크림 2큰술
소금 약간

Peanut Sauce

코코넛크림 1/2컵
레드커리 페이스트 1큰술
커리 파우더 1/3작은술
팜슈가 1큰술반
피시소스 1작은술
타마린 페이스트 1큰술반
구운 다진땅콩 1/4컵

만드는 과정

1. 꼬치는 물에 담가둔다.
2. 닭안심은 심줄을 제거한 후, 갈랑갈, 레몬그라스, 라임잎을 잘 빻아 섞는다.
3. 2에 터메릭 파우더, 큐민가루, 고수씨앗가루, 설탕, 간장, 피시소스, 코코넛크림, 소금을 넣어 잘 섞어주고, 잠시 마리네이드한다.
5. 꼬치에 마리네이드한 닭고기를 길게 꽂아준다.
6. 중불에 그릴해주고, 중간중간 코코넛크림을 발라 마르지 않게 해준다. 모두 익으면 땅콩소스와 낸다.

Peanut Sauce

1. 코코넛크림, 레드커리 페이스트와 커리 파우더, 팜슈가를 섞어 살짝 끓인다.
2. 1에 피시소스, 타마린 페이스트, 땅콩을 넣어 맛을 낸다.
3. 불에서 내려 사테에 곁들여 낸다.

인도네시아의 시장풍경

인도네시아의 음식 : **1.** 나시 짬푸르, **2.** 바크완말랑, **3.** 다강, **4.** 박소, **5.** 소또아얌, **6.** 참차이

1. 인도네시아의 식문화

힌두교, 불교문화가 만개한 후 전래된 이슬람교는 융통성과 포용성을 가지며, 타종교에 관대함을 가지고 다양한 종족과 문화를 포용하였다. 이는 음식문화에도 영향을 끼쳤다. 인도네시아 사람들은 하늘에서 주는대로 받으며, 지배자에게 대항하지 않고, 땅을 거스르는 행동을 하지 않는 '관용'과 '융합'의 정신이 밑바탕에 깔려있다. 따라서 배타하지 않고 융통하며 포용하고 받아들인다. 음식에 있어서도 다양한 종족을 포용함이 상징적으로 드러난다.

2. 인도네시아의 음식

1) 인도네시아 음식의 특징

향신료를 거래하기 위해 인도네시아에 들어온 인도 상인들에 의해 코코넛밀크의 사용과 카레음식이 전파되었으며, 중국 상인들과 교역하면서 중국 음식을 만드는 기술이 전파되어 튀김요리가 발달되어 있다.

2) 인도네시아 음식의 종류

(1) 가도가도

인도네시아식 샐러드로 양배추, 오이 등을 삶은 각종 채소와 살짝 튀긴 두부 등에 달면서도 조금 매운 땅콩소스를 끼얹어 먹는다.

(2) 나시 짬푸르(Nasi Campur)

'나시'는 밥, '짬푸르'는 섞는다는 의미로 말하자면 인도네시아식 비빔밥이다. 식당마다 첨가되는 반찬이 조금씩 다르나 기본적으로 볶은 채소, 고기, 튀김, 두부 등이 들어가며 매운 삼발을 비벼 먹는다.

(3) 찹 차이(Cap Cai)

배추, 브로콜리, 홍당무 등의 각종 채소, 쇠고기나 닭고기, 새우, 고추 그리고 전분 등을 넣고 볶은 중국식 채소볶음이다. 각종 채소로부터의 단맛과 고추의 매운맛이 잘 어우러져 한국인의 입맛에도 잘 맞는다.

(4) 박소(Bakso)

쇠고기와 생선을 갈아 만든 미트볼 수프로 잘게 썬 양배추, 마늘볶음, 당면 등이 섞여 있다. 길가의 포장마차인 와룽 등에서 쉽게 먹을 수 있는 대중적인 음식으로 토마토 사우스(토마토 케첩)와 케켑(걸죽하며 단 간장), 삼발을 같이 섞어 먹는다. 출출할 때 간식으로 먹으면 좋다.

(5) 소또 아얌(Soto Ayam)

인도네시아를 대표하는 음식 중의 하나로 어디서나 쉽게 접할 수 있고 서민층과 부유층을 가리지 않고 모두 즐겨 먹는 대중적인 음식이다. 인도네시아식 카레 닭고기수프로 닭고기, 당면, 썰은 파 등이 들어간다. 매운 삼발과 신 라임즙을 섞어먹는 게 현지 방식으로 한국인의 입맛에도 잘 맞고 우리나라의 곰탕과 흡사하다.

(6) 인도네시아요리 용어

고랭(Goreng)	기름에 볶거나 튀기는 것	바까르(Bakar)	숯불 같은 것에 굽는 것	케켑마니스(Kecap Manis)	아주 끈기가 있는 단 간장
이깐(Ikan)	생선	로티(Roti)	빵	나시(Nasi)	밥
미(Mie)	면	아얌(Ayam)	닭	삼발(Sambal)	인도네시아식 젓갈소스

■ **인도네시아**

세계 4위의 인구 대국으로 240여 종족이 살고 있으며 다양하고 복잡한 언어구성으로, 동쪽섬들은 각기 다른 언어를 사용한다.

다양한 역사와 문화적 배경을 가지고 있는 나라로, 말라카와 순다 해협은 무역풍을 따라 동과 서의 비단길을 다니던 범선들의 체류지였다. 네델란드 통치시기에 사탕수수, 커피, 차, 담배 등의 열대작물이 강제 재배되기도 하였다.

❋ 포용성의 상징음식–삼발, '나시고랭'

삼발소스는 향신료와 고추 등을 돌확에 갈아 젓갈, 식초, 소금을 넣고 만들어 매운맛이 난다. 고기요리나 볶음밥, 꼬치구이 등 거의 모든 음식에 곁들여 낸다. 어떤 음식과도 잘 어울리고 입맛을 돋우며, 매일 빠짐없이 식탁에 오른다. 어느 식당에 가도, 어느 집에 가도 준비되어 있으나 약간씩 맛의 차이가 있다. 뜨거운 밥에만 비벼 먹어도 맛있고, 액젓을 베이스로 만들어 우리 입맛에도 잘 맞는다.

❋ 닭고기–모든 종교에 맞는 음식

모든 종교인에게 금기시 되지 않고 종교와 상관없이 먹을 수 있는 음식은 닭이다.
– 아얌고랭(아얌, 닭/고랭, 볶다의 뜻)

❋ 인도네시아의 말루쿠 군도–정향과 육두구의 산지. 훌륭한 향취로 음식의 맛을 일깨워 준다.

1

2

3

4

5

6

7

8

9   10

싱가포르의 음식 : **1.** 바쿠테, **2.** 카야토스트, **3.** 카야잼, **4.** 나시르막, **5-6.** 치킨라이스, **7.** 프라운누들,
8. 칠리크랩, **9.** 블랙페퍼크랩, **10.** 사테

1. 싱가포르의 식문화

싱가포르는 다인종 및 다문화가 혼재됨에 따라 식문화도 다양하게 발달하였다. 말레이시아와 인도네시아 사이에 위치하고 있으며 영국, 인도, 아랍, 중국에 이르기까지 다양한 국가의 영향을 받아왔다. 따라서 여러 나라의 음식문화를 거부감없이 수용하고 있다.

2. 싱가포르의 음식

1) 싱가포르 음식의 특징

싱가포르 음식은 중국식, 동남아식, 서양식 및 페라나칸(말레이 및 중국 혼혈 가정식), 인도식으로 크게 네 갈래로 나뉘어진다. 이 중 가장 다양하고 자주 접할 수 있는 요리는 중국식 요리이다.

2) 싱가포르 음식의 종류

(1) 바쿠테(Bak Kut Teh)

이 이름을 그대로 번역하면 '돼지뼈 차', 즉 돼지갈비를 푹 고아 국물을 낸 곰국이다. 아침식사나 밤참으로 인기 있는 음식으로 우리나라 사람들의 입맛에 잘 맞는다. 국물도 구수하고 고기도 연해 먹기에도 편하다.

(2) 카야토스트(Kaya Toast)

카야토스트는 구운 식빵에 카야잼(코코넛밀크와 달걀, 판단잎, 설탕을 넣어 만든 싱가포르식 잼)과 버터를 발라 만든다. 독특한 것은 이것을 달걀에 찍어 먹는다. 달걀을 껍질째 끓는 물에 넣었다가 1분 30초 후에 꺼내면 흰자만 약간 익는데 이것을 그릇에 깬 다음 휘휘 저은 후 간장과 후추를 넣고 카야토스트를 찍어 먹으면 그 맛이 일품이다. 카야토스트에는 연유를 넣은 진한 싱가포르식 커피나 밀크티를 곁들여 먹는다.

(3) 나시르막(Nasi Lemak)

코코넛이 잔뜩 들어간 쌀요리인 나시르막은 바삭바삭하게 튀긴 앤초비, 땅콩, 멸치, 삼발 등과 함께 제공된다. 싱가포르인들이 아침식사로 가장 즐겨 먹는 요리로, 바나나잎을 깔고 밥과 반찬을 돌려가며 담는 것이 전통이며 열대지방 특유의 정취를 맛볼 수 있다.

나시르막과 함께 먹을 수 있는 음식으로 오탁(Otak)이 있다. 이것은 생선을 갈아 튀겨서 만든 싱가포르식 어묵으로 쫄깃쫄깃하고 매콤한 맛이 난다.

(4) 치킨라이스(Chicken Rice)

치킨라이스는 삶은 닭고기와 그 국물에 지은 밥이 함께 나오는 정식으로 칠리소스와 다크소스를 찍어 먹는 요리다. 만다린 호텔의 한 레스토랑에서 개발한 이 음식은 싱가포르 음식 축제에서 싱가포르인들이 가장 좋아하는 음식으로 선정될 정도로 유명한 요리이다.

(5) 프라운누들(Prawn Noodle)

가장 대중적인 싱가포르 음식으로 직장인들이 점심시간에 많이 먹는 요리 중 하나다. 근사한 레스토랑이 아니라 길을 지나다가 쉽게 즐길 수 있는 음식이 바로 프라운누들이다. 새우머리와 돼지갈비를 넣고 푹 우린 육수에 쌀국수를 넣어 만든 국수와 새우, 돼지갈비, 국수를 볶아 만든 볶음국수 두 가지가 있다.

(6) 칠리크랩(Chlly Creb)

커다란 스리랑카 게를 칠리소스로 버무린 칠리크랩은 싱가포르의 대표적인 요리로 쫄깃쫄깃한 게살에 새콤달콤하면서도 매콤한 칠리소스의 맛이 어우러져 일품이다.

칠리크랩을 먹을 때 후라이드 번(Fried-bun)이라는 기름에 튀긴 중국식 빵을 곁들여 소스에 찍어 먹으면 색다른 맛을 느낄 수 있다. 또한 칠리크랩 외에 살이 꽉 찬 대하를 대나무 찜기에 넣어 찐 스팀 프라운, 대나무속에 조개나 해산물을 쪄서 익힌 스팀 뱀부 요리도 있다. 또한, 오징어에 매콤한 소스를 발라 숯불에 구운 BBQ 스퀴드 등도 인기이다. 메인요리를 먹고 난 뒤에는 해물볶음밥의 일종인 후라이드 라이스와 싱가포르 채소인 캉콩(모닝글로리)을 볶은 칠리크랩소스에 곁들여 먹는다.

■ 싱가포르에서 유명한 두리안첸돌과 카야잼에 사용되는 판단누스잎

Southern Asia(남부아시아)

인도 · 스리랑카 · 네팔

India

New Delhi

Jaipur   Kanpur   Patna

Vadodara   ●Bhopal   Kolkata

●Nagpur

Pune

● Hyderabad   *Bay of Bengal*

Bangalore ●   ● Chennai(Madras)

Cochin ●   ● Madurai

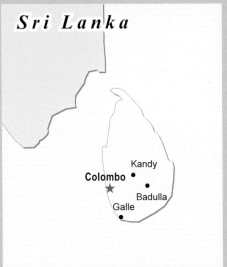

Sri Lanka

Kandy

Colombo

Badulla

Galle

Nepal

Dipayal

Birendranagar

Nepalgunj   Pokhara

Butwal   Kathmandu

Hetauda

Dhankuta

Janakpur

Birgunj   Biratnagar

힌두교의 땅

남부아시아 아라비아해와 뱅골만 연안, 미얀마와 파키스탄 사이

수도	뉴델리
언어	힌디어 40% 외 14개 공용어, 영어(상용어)
기후	열대몬순기후, 온대기후, 고산기후(북부) 등 다양
종교	힌두교 80.5%, 이슬람교 13.4%, 기독교 2.3%, 시크교, 불교, 자이나교 등
대표음식	커리, 탄두리 치킨, 난, 처트니

인도

인도의 길거리음식과 시장풍경

16 17 18

19 20 21

22

도의 음식 : **1-3**. 비리야니, **4**. 로티, **5**. 난, **6**. 짜파티, **7**. 다양한 커리, **8**. 탄두리 치킨, **9-11**. 딸리, **12**. 화덕에 난(= '농'이
→고도 한다) 굽는 모습, **13-15**. 달(콩 · 향신료를 넣은 스프), **16**. 라씨, **17**. 사모사, **18**. 도사, **19**. 푸리(튀긴 난), **20**. 로
파라타, **21-22**. 치킨 마크니 티카

1. 인도의 식문화

인도문명이 처음 일어난 곳은 인더스강 유역이다. 비옥한 평야지대로서 원주민이었던 드라비다족들은 밀과 보리 등의 곡식을 재배하고 물소, 염소, 코끼리 등의 동물을 사육하여 식생활에 이용하였다. 이들이 남긴 유물을 살펴보면 밀을 빻는 돌절구, 곡식을 담는 토기 등이 있고, 물고기, 코끼리, 물소, 코뿔소 등의 동물을 새긴 진흙판들이 출토되는 것으로 보아 동물을 사육하고 식용하였음을 알 수 있다.

기원전 1100년경에 중앙아시아의 아리아인들이 지금의 인도와 파키스탄 국경지방인 펀자브지역을 정복한 뒤 남하하면서 갠지스강 유역으로 퍼져 인도의 기본 종족이 되었다. 아리아인들은 소와 양을 몰고 다니는 유목민으로 주식은 양고기, 쇠고기, 우유, 치즈, 요거트 및 기(Ghee)라고 부르는 정제 버터였다. 그러나 인도 대륙으로 남하하면서 익숙하지 않은 기후조건에 소의 사망률이 높아지고 토착민들이 이들의 식생활을 수용하여 소에 대한 수요가 공급을 초과하게 되면서 심각한 소의 부족현상이 나타났다. 그래서 초기에는 더 많은 유제품을 생산할 수 있는 소의 도축을 금지하였다. 또한 아리아인들의 종교인 베다교는 음식으로 양, 염소, 말, 버팔로는 먹을 수 있으나, 새끼를 낳을 수 있는 소를 먹는 것은 조상을 모욕하는 행위임을 명시하여 쇠고기 섭취에 종교적인 금제를 걸었고 이후 인도 남방지역까지 브라만교가 세력을 확장하면서 소의 도축이 금지되었다.

기원전 7세기경부터 기원전 1세기경까지 불교가 퍼지면서 인도의 식생활은 소뿐 아니라 모든 육식이 터부시되어 자연스럽게 인도 전역에서 채식 위주의 식생활이 발달하게 되었다. 채소만으로 맛있게 음식을 요리하기 위해서 식물의 씨나 뿌리, 열매에서 각종 자극적인 향신료들은 채취하여 이용하게 되었고, 우유 및 유제품은 귀하게 사용되었다.

4세기경 브라만교와 불교, 인도의 토착 종교가 결합된 힌두교가 굽타왕조의 국교가 되면서 정갈한 식품과 부정한 식품이 엄격하게 구분되었다. 비록 육식을 금지한 것은 아니지만 불교가 식생활에 미치는 영향이 강하여 신분이 높은 계층에서는 채식을 선호하였다.

8세기 후반에는 인도 서북쪽에서 이슬람교도가 침범하여 이슬람계 왕국인 무굴제국을 세움으로써 현재까지 무굴식이라고 알려진 새로운 음식문화가 탄생하였다. 무굴식은 이슬람과 힌두교의 음식문화가 혼합된 것이다. 인도 북부지역에서는 돼지고기를 제외한 닭, 양, 염소 등의 육류 섭취가 일반화되었다.

이슬람 문명이 인도요리에 미치는 영향은 상호 호환적인 것으로 인도 식사에 달콤한 후식과 아몬드, 피스타치오, 양파, 샤프란, 마늘, 생강 등이 도입되었고, 이슬람 세계에는 인도의 터메릭, 큐민, 망고가루, 타마린드 등 다양한 향신료가 퍼지게 되었다.

17세기에 유럽인들이 향신료를 찾아 인도로 들어오면서 인도의 식생활은 변화를 맞았다. 유럽인들이 인도에 이스트가 들어간 빵을 전해 주었고, 고추, 토마토, 감자, 옥수수, 커피, 차를 가져왔다. 그러나 유럽인들은 소나 돼지고기에 대하여 금기 관념이 없었기 때문에 토착민과 식생활적인 마찰이 있었다.

2. 인도의 음식

1) 인도 음식의 특징

인도는 다인종 국가이며 중동, 서양 문화의 영향으로 음식도 지역과 종교에 따라 매우 다양하고, 음식은 색과 맛, 질감이 서로 조화를 이룬다. 대부분의 힌두교도들과 이슬람교도들은 종교적인 정서로 인해 쇠고기와 돼지고기를 기피한다. 힌두교도들은 대부분이 채식주의자이다. 종교적 또는 경제적 이유로 곡물과 콩으로 단백질을 섭취하며, 우유로 만든 다히(Dahi)와 버터를 요리에 많이 이용하므로 영양적으로는 문제가 없다. 인도의 전통을 지키는 채식주의자들은 비채식주의자와 동석을 거부하는 사람들도 있다. 따라서 식당 중에는 방이 확실하게 구분되어 있어 내부가 나뉘어져 있기도 하고 한쪽 메뉴만 취급하는 곳도 많다.

인도의 음식들은 한꺼번에 개인별로 제공되며, 주식에서는 간식에 이르기까지 대부분의 음식에는 향신료가 사용된다. 음식들은 가열해서 만든 음식이 많으며, 장시간 은근하게 찜을 하는 조리법으로 향신료가 잘 스며들어 깊은 맛이 있다.

(1) 북부인도

파키스탄을 포함하는 북부인도 지역은 오랜 기간 이슬람의 지배로 인하여 이슬람 음식의 영향을 강하게 받았다. 식사 내에 고기요리의 비율이 높고 기(Ghee), 요거트, 크림과 견과류를 많이 사용하는 음식을 만든다. 이슬람교도가 많아 돼지고기를 이용하지 않고, 주로 향신료를 넣어 걸쭉하게 끓이거나 강불로 약간의 소스와 함께 재빨리 볶아 촉촉하게 요리한다. 또는 소스에 절인 고기를 땅에 반쯤 묻는 탄두리 오븐이나 숯을 넣은 화로에서 훈제 가열하는 식으로 요리한다. 탄수화물 공급원으로 주로 난(Naan)이나 로티(Roti), 차파티(Chapati)와 같은 밀로 만든 빵이나 쌀을 곁들이기도 한다. 북부인도의 요리는 맛이 비교적 농후하고 부드럽다.

(2) 남부인도

전통적으로 힌두교가 많다. 쇠고기를 먹지 않으며 불교의 영향으로 육류의 섭취가 적다. 중부의 평원지대에서 쌀 농사가 잘되며 주식은 쌀이다. 밥에 곁들이는 다른 음식들은 콩과 채소로 특히 맵고 짠 강한 맛이며, 향신료들이 다양하게 사용되어 자극적이다. 특히 음식의 부패를 막는 방부효과가 뛰어난 마늘, 타마린드, 터메릭 등을 많이 사용한다.

이슬람은 생선 먹는 것을 허용하기 때문에 많은 생선요리가 있지만, 더운 날씨로 인해 쉽게 상해 내륙지방에서는 거의 먹지 않는다. 해안지역은 여러 무역선이 드나드는 포구로 개방되어 중동과 유럽 음식문화의 영향을 많이 받았다. 서부해안과 동부해안 곳곳에는 무역 대상국에 의한 음식문화의 영향을 받았다. 예를 들어 포르투갈이 100여년간 지배한 서부해안의 고야에는 포르투갈 음식에 인도 음식이 섞인 반달루(Vindaloo)요리가 유명하다.

2) 인도의 일상식

인도의 밥상은 한꺼번에 차려지는 공간전개식의 밥상이며, 식사를 1인분씩 탈리(Thali)에 담아서 먹는다. 탈리는 주로 금속으로 만들어진 쟁반같이 납작한 접시인데 각 음식을 탈리의 가장자리에 적당히 둘러담아 접시 위에 음식을 배열한다. 국물이 있는 음식은 작은 그릇에 담고, 탈리의 가운데 부분은 밥이나 난과 같은 빵을 두는 공간이다. 여기에 가장자리에 담은 여러 가지 음식과 소스를 배합하여 손가락으로 먹는다. 탈리는 '큰 접시'를 의미한다. 금속제의 커다란 접시에 쌀밥이나 차파티 등의 주식과 달(수프), 커리 종류, 아차르(반찬), 다히(요거트) 등을 수북하게 담은 인도 정식이다. 밥이나 여러 가지 반찬을 담기 위해 오목하게 생긴 네모난 쟁반이나 둥글고 커다란 접시가 사용된다. 역의 식당이나 열차 안에서의 식사도 탈리이고, 일반 식당에서도 탈리의 형식으로 식사를 제공하는 곳이 많다. 정식으로 탈리를 주문하면 1인분의 식사를 비교적 싸게 먹을 수 있다. 남부인도에서는 바나나잎 위에 밥과 반찬을 놓아 주기도 한다.

3) 인도 음식의 종류

(1) 쌀

❶ 풀라우(Pulao)

향신료를 알맞게 섞어서 지은 밥으로 볶음밥과 비슷하다.

❷ 비리야니(Biriyani)

향신료나 견과류를 사용한 고급음식으로 채소만으로 만든 것도 있지만, 양고기 비리야니나 닭고기 비리야니가 일반적이다.

❸ 차왈(Chawal)

백미로 지은 밥으로, 우리나라 흰 쌀밥과 같으나 쌀의 종류가 달라 끈기가 적다.

(2) 빵

❶ 난(Naan)

정제한 하얀 밀가루를 발효시켜 만든 것이어서 조금 부풀어 있다. 난은 반죽을 탄두르(진흙화덕) 안쪽 벽면에 잎사귀모양으로 얇게 늘여 붙여서 굽는다.

❷ 차파티(Chapati)

밀기울이 든 밀가루를 물에 개어 얇게 만들어 구운 빵이다. 차파티는 통밀로 빻은 밀가루에 소금을 넣고 반죽하여 발효시키지 않고 1~2mm 두께에 20cm 정도의 원판형으로 얇게 밀어서 달군 돌판이나 철판 위에서 굽는다. 난이나 차파티는 양고기, 채소, 과일을 얹어서 반으로 접거나 작게 뜯어 커리와 함께 먹는다.

❸ 파라타(Paratha)

기이(정제한 버터)를 발라서 토막내어 구운 것으로 값이 조금 비싸다.

❹ 푸리(Puri)

반죽을 기름에 튀겨서 부풀린 것으로 인도식 스낵이다.

(3) 커리(Curry)

인도에는 약불에서 은근하게 가열하여 24가지 이상의 향신료가 잘 스며들어 깊은 맛이 나는 음식이 특징인데, 그 중 대표적인 것이 커리이다. 채소와 고기에 향신료를 넣고 걸쭉하게 끓인 음식을 모두 커리라고 하는데, 인도의 어느 지역에서나 맛볼 수 있다.

(4) 탄두리 치킨(Tandoori Chicken)

북부인도에서는 큰 항아리처럼 생긴 탄두르(Tandoor)라는 진흙화덕을 이용하여 요리를 한다. 탄두르의 바닥에 장작불을 피워 달군 다음 그 안에 식품을 넣어 굽는다. 탄두리 치킨은 닭을 요거트와 여러 가지 향신료에 재웠다가 쇠꼬챙이에 꿰어서 탄두르에 넣어 구운 요리로, 향신료가 속까지 배어서 맛이 향기롭다.

(5) 달(Dhal)

부드럽게 삶은 콩에 마살라(혼합 향신료)를 가미한 수프이다. 달을 만드는 콩에는 큰 것과 작은 것, 황색과 검은빛이 도는 것 등 여러 종류가 있으며, 콩의 종류에 따라 맛과 모양이 다르다. 밥이나 차파티에 달을 섞어서 먹는 것이 식사의 기본이다. 우리나라의 된장국에 버금가는 대중음식이기도 하다.

(6) 스낵

❶ 사모사(Samosa)

얇은 반원형의 페이스트리 반죽에 다진 고기나 감자 등의 채소로 속을 채운 뒤 삼각형으로 접어 튀긴 요리로 민트 처트니나 칠리소스를 곁들여 먹는다.

❷ 파파덤(Papadum)

콩가루를 넣어 반죽하거나 살짝 구운 얇은 과자이다.

❸ 파코라(Pakora)

꽃 양배추, 양파 등의 채소에 마살라 맛의 옷을 입힌 튀김이며, 치킨 파고라는 닭을 그대로 튀긴 것 같은 느낌이 든다.

❹ 알루초프(Alu Chop)

데친 감자를 크로켓이나 하트 모양으로 만들어 철판에서 기름으로 튀긴 것으로 매운 소스를 뿌려서 먹는다.

(7) 음료

물을 함부로 마실 수 없기 때문에 다양한 음료가 있다. 미네랄 워터나 탄산음료와 더불어 각종 생과일 주스 등을 흔히 접할 수 있다. 라씨(Lassi)는 요거트에 설탕과 물을 넣어서 섞은 음료이다. 단맛과 신맛이 어우러져 있고 갈증해소에도 좋다. 차이(Chai)는 인도에서 가장 대중적인 음료이다. 인도 홍차에 우유, 설탕, 향신료 등을 넣고 끓여 마신다.

(8) 과일

❶ 망고(Mango)

잘 익은 망고는 가운데에 뜨거운 액체가 가득 찬 것 같은 감촉이다.

❷ 잭프루트(Jack Fuit)

황록색의 열매로 속에 노란 송이가 꽉 차 있고, 향기가 강하다. 두리안과 비슷한 모양새이나 뾰족한 돌기모양이 다르다. 두리안에 비해 저렴한 편이다.

❸ 구아바(Guava)

엷은 녹색의 단단한 과일로 익어갈수록 노란색이 되고, 향기가 강하며, 바삭바삭해서 껍질째 먹을 수 있다.

❹ 치쿠(Chikku)

감자와 비슷하게 생긴 둥근 과일로 익은 것은 손으로 잘라질 정도로 연하며, 감과 비슷한 맛이며 달다.

■ **인도의 식사예절**

① 식사 때 낮은 걸상을 사용하거나 바닥에 앉는다.

② 좌석배치에 규칙이 있으며, 오른쪽에 주인, 왼쪽으로 가면서 연령 순서로 앉고, 노인과 소년, 소녀는 떨어져 앉는다. 성인이 되면 여자는 남자와 함께 식사를 할 수 없고 남자의 시중을 든다.

③ 식사 전에 반드시 물로 양손을 씻는다.

④ 보통 손가락으로 집어먹지만, 음식이 뜨거운 경우에는 나무스푼을 사용하기도 한다.

⑤ 반드시 오른손으로 식사를 한다.

⑥ 식사한 다음 물로 양치한 후 물을 뱉어 버린다.

⑦ 식사 중에 이야기하는 것을 무례하다고 여기므로 식사가 끝나면 손을 씻고 양치한 후에 이야기를 시작한다.

난[Naan]

난(Naan)은 발효 밀가루 반죽을 탄두르에 넣어 잎사귀모양으로 구워낸 인도의 빵이다.

1) 난의 종류

가장 기본이 되는 플레인 난(Plain Naan)의 주재료는 밀가루, 소금, 이스트, 물이다. 이 재료들을 이용해 반죽을 만든다. 여기에다 다른 재료를 첨가해 반죽을 하거나, 플레인 난 위에 다른 재료를 얹거나 속을 채워 넣고 만들기도 하는데, 이 경우에는 추가된 재료에 따라 다음과 같이 이름을 붙인다.

- **갈릭 난**(Garlic Naan) : 반죽의 윗면에 버터를 바르고 다진 마늘을 얹어 구워낸 난
- **로그니 난**(Roghni Naan) : 반죽의 윗면에 참깨나 검은깨, 양귀비 씨, 양파 씨 등을 뿌려 구워낸 난
- **메티 난**(Methi Naan) : 인도에서 널리 쓰이는 페누그릭(Fenugreek)이라는 향초 잎을 섞어 반죽해 구워낸 난
- **알루 난**(Aloon Naan) : 향신료와 으깬 삶은 감자를 채워 넣고 구워낸 난
- **키마 난**(Keema Naan) : 다진 양고기나 염소고기에 향신료를 넣고 볶아 반죽의 속으로 채워 넣고 구운 난
- **파니르 난**(Paneer Naan) : 파니르 치즈를 반죽 사이에 넣거나 반죽 위에 치즈를 얹어 구운 난
- **페샤와리 난**(Peshawari Naan) : 반죽의 윗면에 버터를 바르고 건포도와 견과류를 얹어 구워낸 난. 스위트 난이라고 부르기도 한다.

2) 난 먹는 방법 및 맛

인도 북부지방과 인근의 파키스탄, 아프가니스탄, 방글라데시, 이란 등지에서는 연중 밀을 생산할 수 있어 식사에 밀가루를 이용해 만든 빵을 곁들여 먹는다. 반면에 쌀이 많이 생산되는 인도의 남부지방에서는 밥이나 쌀을 이용해 만든 도사(Dosa), 이들리(Idley)를

식사에 곁들여 먹는 것이 보편적이다.

인도에서는 주로 손으로 음식을 먹는데, 이때 반드시 오른손만을 이용한다. 오른손의 셋째, 넷째와 다섯째 손가락으로 난을 누르고 엄지와 집게 손가락으로 빵을 뜯어 커리(Curry)나 달(Dal 또는 Dhal, 콩을 삶아서 향신료를 넣고 끓인 수프나 국 형태)에 찍어 먹거나 난을 찢어 그 위에 다른 음식을 올려서 먹으면 된다.

난은 그 하나만 먹을 수도 있고, 기(Ghee)를 바르거나 깨 같은 양념을 뿌려서 먹을 수도 있다. 아무것도 첨가하지 않은 플레인 난은 반죽을 발효시켜 굽는 동안 1~1.5cm 두께로 부풀어 올라 속이 가볍고 폭신폭신하며, 탄두르에서 단시간에 구워내 스모키한 향미도 지니고 있으며 겉도 부드럽다. 만드는 재료가 단순해 맛은 밋밋하지만, 덕분에 다른 음식과 곁들여 먹는 식사용 빵으로 적합하다. 때로는 속을 채워서 먹기도 하는데, 이때는 어떤 재료를 추가로 넣느냐에 따라 맛과 질감이 다양해진다.

난의 주 영양 성분은 탄수화물로, 최근에는 건강을 염려하는 사람들을 위해 정제된 밀가루(마이다, Maida) 대신 섬유질과 무기질이 풍부한 통밀가루를 이용해 난을 만들기도 한다.

■ 인도

인도의 종교를 모르고는 인도를 이해할 수 없다. 인도는 너무 넓어 나라라 칭하지 않고 대륙이라 한다. 한반도의 17배의 인구로 18개의 다언어를 사용하며, 인종, 종교가 다양하다.

❋ 까리 = 커리 = 카레

- 모든 향신료와 배합된 건더기가 축축한 음식 종류는 모두 '까리'라고 한다.
- 커리(영어식 발음)라 불리워진 것은 음식에서 커리잎 향이 난다고 해서 붙여진 이름이다. 까리의 영어식 발음인 커리를 일본인들이 '카레'라 발음하면서 카레라 불리게 되었다.
- 마살라 : 네덜란드와 영국 동인도 회사직원이 서양인들이 좋아하는 향신료를 믹스해 '마살라'라 이름 붙여 판매하였다.

✻ 신을 위한 나라; 82%가 힌두교를 믿는다.

• 아유르베다 정신 : 내 손으로 음식을 먹어야 내 영혼으로 간다고 믿으며, 음식을 통한 육체의 건강뿐 아니라 정신의 평온함을 찾는 섭생법을 추구한다. 고대 인도의 전통의학으로 육체와 정신의 '균형'을 강조한다. 최근 서구에서도 명상 및 요가기법에 대한 관심이 광범위하게 퍼져나가고 있다.

■ 북부인도요리

이슬람과 아랍권의 영향으로 육류, 요구르트, 크림, 견과류로 만든 음식이 많다. 탄두리 요리가 발달했으며 그 중 탄두리 치킨은 맛은 농후하고 부드러워 세계인들이 선호하는 음식 중 하나이다. 닭고기 이외에도 육류에는 모두 향신료를 사용한다.

■ 남부인도요리

북부인도보다 날씨가 더워서 맵고 짜고 자극적이며, 불교의 영향으로 육류 섭취가 적다.
다양한 채식요리, 쌀, 콩(채식주의자에게 중요한 단백질 공급원)을 이용한 요리가 발달했다.

■ 다국적 기업의 역혁신 전략기지-인도

인도시장을 목표로 출시된 제품들이 세계시장으로 확산되는 열풍으로, 닭고기를 넣은 버거, 감자패티를 넣은 버거 등 채식주의자를 위해 현지화한 메뉴가 웰빙바람을 타고 유럽 등선진국에 역진출되었다.

■ 쳐트니

채소나 과일에 향신료를 넣어 진하고 걸쭉한 형태로 만든 인도의 소스이다. 주재료로 어떤 채소나 과일, 허브, 향신료를 사용하는 지에 따라 다양한 맛을 낼 수 있고, 음식을 찍어먹거나 음식에 발라 먹거나, 양념으로 이용하기도 한다.

Curry
인도커리(치킨티카)

재료

닭고기 살 500g
(껍질 벗겨
한입 크기로
자른 것)

양파 chop 300g
Tomato concasser 300g

다진마늘 1큰술
다진생강 1/2큰술
칠리 파우더 1큰술
터메릭 1큰술
코리앤더 파우더 1/2큰술
가람마살라 1큰술
플레인요거트 1컵
물 1컵
고수 적당히

만드는 과정

1. 팬에 오일을 넉넉히 두르고 양파를 오랫동안 갈색이 나도록 소금 간을 하여 볶는다.
2. 1에 마늘, 생강, 토마토 콩카세를 추가하여 토마토가 물러질 때까지 오래 볶는다.
3. 칠리 파우더부터 가람마살라까지 향신료 분말을 모두 넣어 잘 섞이도록 볶아준다.
4. 닭고기와 요거트를 넣어 볶으면서 물 1컵을 조금씩 넣어 끓여주면서 농도를 조절한다.
5. 고수 찹을 충분히 뿌려 낸다.

※ '마크니' = '버터'
　'기' = '정제된 버터'
　'티카' = '자른 조각'을 뜻함

Naan
난

재료

(A) 드라이이스트 1/2큰술
설탕 2작은술
따뜻한 물 70ml

(B) 밀가루 240g
소금 1작은술
우유 70ml
요거트 2큰술
오일 1큰술

#갈릭난
녹인 버터 2큰술
다진 마늘 1큰술
다진 파슬리 약간
물 1큰술
(오븐에 구울 경우 250℃
2~3분 구워준다.)

만드는 과정

1. (A)의 재료를 섞어 10분 간 이스트를 활성화시킨다.

2. (A)에 (B)의 재료를 섞어 손에 달라 붙지 않을 정도로 매끈해지게 치대어 볼 밑에 따뜻한 물을 놓고 이중으로 반죽볼을 올려 30분 간 발효시켜준다.

3. 반죽의 가스를 뺀 다음 3등분해주고, 밀대로 얇게 민다.

4. 뜨거운 팬에 난을 색이 나게 구워준다.

5. 버터를 녹여 다진 마늘, 파슬리를 섞어 한쪽에 바르고, 뜨겁게 달궈진 팬에 버터마늘을 바른 면을 구운 후 뒤집어 물 1큰술을 넣고 불을 낮춰 뚜껑을 덮어 굽는다.

※ 완성된 난은 뜨거울 때 윗면에 기(Ghee, 정제버터)를 발라 먹는다. 팬이나 오븐에 구울 때에는 반죽이 눌러붙지 않도록 굽기 전에 팬에 기름을 살짝 발라준다.

인도양의 진주

아시아 남부, 인도양의 섬, 인도 남쪽

수도	콜롬보(행정수도), 스라지예와르데네푸라코테(입법 · 사법수도)
언어	싱할라어, 타밀어, 영어
기후	열대몬순기후
종교	불교 70.2%, 힌두교 12.6%, 이슬람교 9.7%, 가톨릭교 6.1%, 기독교 1.3%
대표음식	호퍼, 커리

1   **2**

3   **4**

스리랑카의 풍경과 음식 : **1.** 에그호퍼, **2-3.** 스트링호퍼, **4.** 와타라판

1. 스리랑카의 식문화

실론티의 나라, 스리랑카!

스리랑카는 인도 남쪽 끝에 위치한 열대 섬 국가이다. 지도의 모양이 대륙의 눈물방울 같아서 '인도양의 진주'로 불리기도 한다.

실론은 1972년까지 스리랑카의 옛 이름으로, 실론티는 스리랑카에서 생산되는 홍차를 통칭한다.

스리랑카는 세계적으로 손꼽히는 실론티 수출국이다. 누와라 엘리야, 우바, 루후나 등 고원지대에서 생산한 홍차는 품질이 뛰어나기로 유명하다. 영국인 사업가 립톤은 19세기 중반 무렵 스리랑카에서 홍차를 재배했고, 미국에 수출하면서 세계적인 브랜드 '립톤'을 키워냈다. 스리랑카는 동서 바다 실크로드의 교차로였다. 유럽과 중국을 오가던 아랍상인들은 계피의 원산지인 스리랑카에 머물렀고 다양한 향신료의 매력에 빠졌다.

전 세계에서 소비되는 홍차 중 75%를 차지하는 세계 최대 홍차 수출국이며 최고의 홍차 생산국으로 꼽힌다. 세계 3대 홍차인 우바(Uva)를 비롯해 딜마(Dilmah), 믈레즈나(Mlesna) 모두 스리랑카의 대표적인 티 브랜드이다.

실론섬은 원래 커피를 재배했으나 1869년 이후 병충해로 커피농장이 전멸하였다. 그래서 당시 스리랑카를 식민지배하고 있던 영국은 대대적으로 스리랑카 내륙 산간지역에 차를 심었고 병충해를 잘 이겨냈다. 여기에는 기후와 지형도 한몫을 차지했다. 적도와 가까워 전형적인 열대기후에 속해 수분이 충분하고 해발 1,000~2,000미터의 고산지대는 실론티의 터전이 되기에 이상적인 조건을 가지고 있다.

2. 스리랑카의 음식

스리랑카는 인도와 지리적으로 매우 가깝고 문화와 식생활 등에서 인도문화의 영향을 많이 받았다. 음식도 대부분 인도 음식과 비슷한 종류가 많다. 스리랑카 북부쪽은 대부분 인도문화권으로 간주하는데, 실제로 타밀족이 북부에 많이 사는 이유도 인도 남부의 타밀족들이 내려온 영향 때문이다.

인도인들의 대다수는 채식주의자인 반면, 스리랑카인들은 고기와 생선도 즐긴다. 종교 및 관습의 영향으로 쇠고기는 먹지 않으며, 일부 무슬림들은 돼지고기를 먹지 않는다.

1) 스리랑카 음식의 특징

스리랑카인들의 주식은 쌀과 커리이다. 커리의 종류로는 치킨커리, 채소커리, 돼지고기커리, 양고기커리, 달커리 등 다양하다. 주로 먹는 커리는 달커리라고 하여 노랗거나 빨간 넙적한 콩으로 요리한 커리를 먹는다. 상할라어로는 빠립부라고 한다.

아열대기후로 쌀이 우리나라처럼 찰지지 않지만 종류가 다양하다.

또한, 스리랑카는 차문화가 발달해 있으며 실론티가 유명하다. 어느 곳에 가든지 홍차를 쉽게 구할 수 있으며, 이곳 사람들은 매일 2시경에 티타임을 가진다. 스리랑카 사람들은 다양한 홍차를 구비해두고 틈틈이 마시고 있으며, 스리랑카의 차는 우바, 딜마, 플레즈나, 맥우드 등이 보편적이다.

2) 스리랑카 음식의 종류

(1) 호퍼(Hopper)

쌀가루 팬케이크로, 일종의 웍에서 튀겨내며 주로 아침식사로 먹는다. 야자술을 약간 뿌려 하룻밤 동안 발효시킨 가벼운 반죽으로 만든다. 스펀지처럼 부풀어오르면 코코넛크림을 섞어 가라앉힌다. 뜨겁게 달군 둥근 주물 팬(Cheena Chatti)에 반죽을 조금씩 부어, 바삭바삭한 가장자리는 말려 올라가고, 속은 폭신폭신할 때까지 굽는다.

호퍼를 먹는 방법은 여러 가지가 있는데, 매운 삼발, 칠리 렐리쉬, 간 코코넛, 또는 커리 등과 함께 먹는다. 팬케이크처럼 호퍼도 잔뜩 쌓아놓고 먹으며, 스리랑카 사람들은 크리켓 경기를 보면서 대여섯 장쯤 앉은 자리에서 먹어치우기도 한다.

달걀을 넣은 에그호퍼도 간단한 식사로 즐겨먹는다.

'호퍼'라는 이름은 영국계 인도인들의 작품으로, 타밀어 '아팜(Appam)'은 튀긴 스낵을 의미한다. 가장자리는 부서지기 쉬우며, 거의 레이스와 흡사한 호퍼는 가운데로 갈수록 부드러워지며, 한가운데는 거의 스펀지처럼 폭신폭신하다. 순한 쌀 맛이다.

(2) 스트링 호퍼(String Hopper)

쌀가루를 반죽하여 국수 형태로 뽑아 증기로 찐 음식으로 스리랑카식 쌀국수이다.

(3) 와타라판(Watalappan)

달걀, 설탕, 아몬드를 넣어 만든 스리랑카인들의 단골 디저트 푸딩이다.

■ 스리랑카

무병 장수를 기원하는 생활태도를 가지고 살아간다.

불교를 바탕으로 한 음식문화로 채식 위주의 식사를 하며, 닭고기를 일주일에 1~2회 정도만 먹는다.

주식은 쌀로 흰쌀, 붉은쌀을 먹고, 커리요리가 발달해 있다. 대표적인 차의 나라로 간식 대신 홍차를 즐기며, 매우 더운 지방임에도 불구하고 매운 음식과 뜨거운 차를 마시며, 빵 대신 국수를 많이 먹는다.

■ 아유르베다스파

인도, 스리랑카, 네팔, 보라카이, 몰디브 여행 시 즐길 수 있는 힐링 프로그램으로 허브를 이용한 오일, 트리트먼트 스파로 프라이빗한 충전의 시간을 제공해 준다.

※아비얀카-회춘, 재생효과,

　시로바라스-두통, 스트레스에 효과,

　시로다라-이마에 따뜻한 허브 오일을 부어가며 마사지한다.

히말라야 신들이 모여사는 곳

중국과 인도 사이의 남부아시아

수도	카트만두
언어	네팔어
기후	아열대몬순기후
종교	힌두교 80.6%, 불교 10.7%, 이슬람교 4.2%
대표음식	네팔리 탈리, 셀 로티, 비라야니

1

2

3

4

네팔의 시장풍경과 음식 : **1.** 라씨, **2.** 사모사, **3.** 툭파, **4.** 차이, **5-6.** 모모, **7.** 달밧, **8.** 세쿠아,
9-10. 네팔의 다양한 도넛, **11-12.** 똥바

1. 네팔의 식문화

네팔의 음식문화는 100여 부족의 특성과 지리적 특징을 모두 담고 있다. 네팔은 지리학적으로 3개 부분으로 나뉘어져 있다. 하나의 나라 안에 다양한 민족이 섞여 살고 있고, 지형적으로 다양한 특징을 가지고 있기 때문에 독특한 점이 많다.

네팔에서는 다양한 문화와 지리적 환경, 다양한 인종, 그리고 다양한 토양과 기후에 따라 다양한 요리가 충분히 제공된다. 대표적인 요리로는 '렌즈콩' 수프인 달(Dahl), 그리고 밧(Baht)과 타르카리(Tarkari)가 있다. 달은 렌즈콩과 향신료로 만든 수프다. 밧은 밥이며 보통 쌀로 만들지만 다른 곡물을 쓰는 경우도 있다. 타르카리는 채소 카레이다. 보통 달, 밧, 타르카리를 순서대로 먹는다. 또 특이한 것으로 마수(Masu), 어짜르(Achar)도 있다. 마수는 여러 가지 동물의 고기이며, 어짜르는 향신료를 가지고 엄청난 가짓수의 방법으로 만들 수 있는데 그중 가장 유명한 것은 토마토, 슬라이스 무, 고수나물, 삶은 감자를 재료로 만든 것이다.

2. 네팔의 음식

네팔은 힌두교 국가여서 카스트에 따라 먹는 음식에도 차이가 있다. 상위 계급인 브라만과 체트리는 전통적으로 염소와 물고기를 먹으며 다른 계급은 닭, 물소, 오리, 돼지, 야크 등을 각종 향신료로 만든 다양한 국물, 커리, 요구르트류 등의 음식과 함께 먹는다. 전체적으로 인디아, 티벳, 중국의 음식문화의 영향을 현지에 맞게 정착한 음식문화의 융합 장소라고 할 수 있다.

네팔은 구릉지역과 평원지역, 히말라야 지역으로 나누어져 있다. 구릉 지역에는 네와러 사람들이 많이 사는데 먹는 것이 아주 다양하다. 이곳에서는 특히 물소로 만든 음식을 많이 먹는다. 평원은 인도 쪽에 가까이 붙어 있어서 인도의 음식인 난과 로티, 사모사 등도 자주 먹는다. 그리고 히말라야족은 중국과 지역적으로 근접해 있어 중국 티베트족 음식이 아주 유명하다. 이곳은 기후가 너무 추워서 감자와 야크의 우유, 야크고기 등을 많이 먹는다.

1) 네팔 음식의 특징

네팔이라는 나라는 그 크기는 작아도 인도, 중국과 근접해 있어 다양한 음식문화가 공존하고 있다. 대표적인 음식은 역시 달, 밧, 타르카리이고, 그밖에 여러 가지 고기가 있다. 많은 사람들이 점심에는 밥을 먹고 저녁에는 난이나 로티 같이 통밀가루로 만든 남아시아 빵을 약재 커리와 함께 먹는다. 간식으로 많이 먹는 것은 네팔 만두 사모사, 치우라(쌀을 납작하게 눌러 만든 음식) 등을 많이 먹는다. 디저트로는 요구르트, 과일 요구르트, 우유와 쌀로 만든 푸딩 케르(Kher)를 먹는다. 인도와 닿아있는 지형구조로 인도요리와 비슷한 종류(딸리, 난, 차이, 탄두리요리)가 많다(사모사, 라씨, 차이, 탄두리요리는 인도요리편 참조).

2) 네팔 음식의 종류

(1) 달밧(Dal Bhat)

몇 종류의 조리된 채소와 달(국물), 밧(쌀)이 함께 하는 음식으로 한국의 일반식과 비슷하다. 전통적으로는 주로 손으로 먹지만, 요즘은 수저를 사용하며 달밧에 타르카리(네팔 커리)를 얹어 먹기도 한다. 네팔의 일반 가정에서는 주로 달밧을 먹는다.

(2) 모모(Momo)

모모는 네팔식 만두로 달밧을 제외하고는 일반적으로 가장 보편적인 음식이다. 만두의 시초는 중국 삼국시대에 제갈량으로 알려져 있는데, 모모는 한국식 만두와 매우 흡사하며 대부분의 식당에서는 모모를 팔고 있으며, 모모는 육류와 채소류의 속재료로 만들어지고 찐만두, 군만두, 튀긴만두와 마찬가지로 다양한 방법으로 조리한다.

(3) 세쿠아(Sekua)

세쿠아는 네팔식 꼬치구이이다. 꼬치에 꿴 고기를 숯불 위에서 구워 약간의 채소와 함께 먹는 음식으로 세쿠아 식당이 따로 있다. 네팔인들에게는 술과 함께 즐기는 음식으로 한국의 퇴근 후 고기집과 비슷한 분위기를 느낄 수가 있다. 주로 돼지, 양, 물소, 닭고기로 꼬치를 만들며 자체적인 짠맛이 강하고 자극적인 향신료가 첨가되어 외국인들이 즐기기는 쉽지 않다.

(4) 네팔식 도넛

큰 기름 솥에 약간의 조미가 된 밀가루 혹은 옥수수가루 반죽으로 만든 도넛을 넣어 튀겨낸 음식으로 주로 아침시간이나 간단한 요기를 위해 먹는다. 길거리 상점이나 노점에서 많이 팔며 가격도 저렴한 편이다.

(5) 툭파(Tukpa)

뜨거운 국물이 있는 밀가루 국수이다. 간편하고 저렴해서 현지인들에게 인기가 있다. 특별한 맛이 있다기보다는 뜨거운 맛에 먹는 음식으로 조미가 많이 들어가지 않아 별다른 맛이 나지 않는다. 그래서 여유가 없는 외국 배낭족들도 툭파를 찾는다.

(6) 똥바(Tongba)

네팔의 전통 술로 한국의 막걸리와 비슷하다. 식당에서 똥바를 주문하면 발효된 조를 담은 술잔에 빨대를 꽂아 물과 함께 내어 주는데, 물을 잔에 넣으면 발효 거품이 발생하고 약 5분간 기다렸다가 빨대를 사용해 마시며 계속해서 알코올 성분이 다할 때까지 물을 넣으면 된다. 보통 일반 맥주컵 한 컵 정도의 똥바로는 작은 생수 두 병 정도의 물을 넣어 마실 수 있다.

(7) 라씨(Lassi)

인디아 전통 요구르트 음료인 라씨는 네팔에서도 전통음료로 자리하고 있다. 주로 야크나 염소 요구르트에 시럽이나 꿀, 향신료 등을 첨가하여 만든 음료로 바나나 등 과일을 함께 넣어 먹기도 한다. 라씨는 가장 널리 알려진 음료라 할 수 있다.

기타의 일반적인 음식으로는 파룰라(물소고기를 생강양념으로 숯불에 구운 요리), 데도(붉은 옥수수 죽), 자콕(네팔식 훠궈) 등과 서양, 특히 영국의 영향을 받은 샌드위치류와 샐러드류의 음식도 많이 있다. 네팔의 채소는 그 종류가 다른 아시아 국가와 비슷하며 육류로는 주로 염소, 양, 야크, 물소, 돼지, 닭 등을 사용한다.

■ 네팔의 식사예절

네팔의 식사예절은 한국과 마찬가지로 어른이 먼저 식사를 시작하는 것을 기본으로 한다. 그리고 남의 음식이나 그릇에 손을 대는 것은 용납되지 않는다. 네팔인 집에 초대를 받게 되면 음식을 준비한 부인이나 며느리는 손님과 함께 식사를 하지 않는데 이는 최고의 접대를 의미하는 전통으로 손님에게 과하도록 음식을 권하기도 한다. 이때는 그냥 음식을 남기기 보다는 먼저 주인의 친절에 감사를 표하고 음식이 많다고 미리 말하는 것이 예의이다. 또한 카스트에 따라 상위계층과 하위계층은 절대 한자리에서 식사를 하지 않는다. 상위계층은 물소나 야크, 닭고기를 먹지 못하며 소의 경우는 헌법적으로 힌두교상 신성한 동물이므로 음식재료로 사용할 수 없다. 네팔의 일반 가정에서는 주로 부인이나 며느리가 주방에서 조리를 하며 여성이 생리 중일 때는 부정하게 여겨지므로 이웃이나 친척의 며느리가 대신 식사를 준비한다.

■ 네팔

최근 해외여행이 붐을 이루면서 가고 싶은 여행지가 점차적으로 유명관광지가 아닌 자연으로 돌아가는 추세이다.

네팔은 인공이 아닌 자연으로의 여행을 떠나기에 최적의 장소로, 전 세계 어디에서도 느낄 수 없는 자연과 하나가 되는 경험을 할 수 있는 나라이다. 8,000m 넘는 산이 8개가 넘는 대표적인 고산지대이다.

등반을 도와주는 안내가이드 전문가를 셀파라 한다. 셀파는 직업명이 아닌 히말라야 밑쪽에 사는 민족을 뜻한다.

포카라

안나푸르나 포카라, 랑탕(세계의 가장 아름다운 지역으로 뽑히는 히말라야지역), 네팔은 세계 두 번째로 물이 많은 나라로, 수많은 강이 있다.

❋ 네팔 사가르마타, 치트완 국립공원, 룸비니, 카트만두계곡

세계문화유산 네팔문화유적지 쿠마리사원

※ 쿠마리: 네팔에서 살아있는 여신으로 숭배되는 존재

※ 네팔음식과 인도음식의 차이점?

네팔요리-기름지지않다. 짜지 않다.

인도요리-네팔에 비해 기름기가 있고 맵고 짜다.

네팔 음식과 인도 음식 = 화덕을 많이 이용하므로 집에서 하기 힘든 요리가 많다.

※ 네팔의 대표요리

Dal Bhat Set : 네팔에서는 하루 삼시세끼 어디에 가서나 주문해 먹을 수 있는 음식으로 한국의 백반과 같은 형태이다. 단, 대부분의 식당에 냉장시스템이 갖추어져 있지 않아 미리 만들어 두지않고 바로 먹을 만큼씩만 조리하므로 주문하면 시간이 걸리는 편이다. 시간적 여유를 두고 주문해야 한다.

■ 나마스떼

산스크리스트어로 '나마스'는 '머리를 숙이다', '떼'는 '당신'을 뜻하는 단어이다. 따라서 나마스떼는 '내 마음속 깊은 곳의 신이 당신 안의 신에게 존경의 인사를 합니다'라는 의미를 담고 있다.

Central Asia(중앙아시아)

우즈베키스탄

실크로드를 이어 준 교역의 땅

아시아 중앙부

수도	타슈켄트
언어	우즈베크어
기후	고온건조한 사막성 기후
종교	이슬람교 88%(수니파 70%), 러시아정교 9%
대표음식	쁠롭, 리뾰쉬까, 샤슬릭, 삼사, 수르파

우즈베키스탄의 시장풍경과 음식 : 1-4. 리뽀쉬까, 5-6. 쁠롭, 7. 수르파, 만티, 삼사

1. 우즈베키스탄의 식문화

우즈벡인의 주식은 빵, 양고기, 소고기, 닭고기 및 채소류이며 식사 때마다 차를 같이 마신다. 밀로 만든 음식을 주식으로 하며 하루 3끼 모두 '논'(밀가루 반죽을 발효시켜 구운 딱딱한 빵)을 먹는다('리뽀쉬까'라고도 한다).

이들이 즐겨 먹는 것은 '좌반(양고기, 무, 건포도 등을 함께 섞은 밥)'이며 소, 양, 말고기와 요구르트, 버터, 치즈 등 유제품을 주로 먹는다. 차와 각종 과일로 만든 과즙도 즐겨 마신다. 그러나 우즈벡인들은 이슬람 신자이기 때문에 돼지고기는 찾아보기 힘들다.

우즈벡인의 주요 식료품은 감자, 곡물 등 채식의 소비가 전체 식품소비의 57%를 차지한다. 전반적으로 육류의 가격은 다른 식품에 비해 높은 가격으로 판매되고 있으며, 인접한 카자흐스탄과 키르키즈스탄으로부터 수입이 축소된 이후 만성적인 공급량 부족에 시달리고 있다.

우즈벡인이 최고로 꼽는 음식은 '쿨다크'라는 요리인데, 이것은 감자와 양파를 다지고 잘게 썬 양고기나 말고기로 버무려 아이들 주먹만 하게 만들어 솥에 삶은 뒤 끄집어내어 꿀이나 설탕에 찍어 먹는 음식이다. 내륙국가이기 때문에 해산물, 생선류는 없다. 그러나 강이나 호수 등에서 잡히는 민물고기를 회로 먹거나 말려서 먹기도 하는데, 흙냄새가 많이 나기도 한다.

2. 우즈베키스탄의 음식

(1) 쁠롭(плов)

우즈벡의 대표적인 음식 중 하나로 우즈벡식 기름볶음밥인 쁠롭은 우리나라의 볶음밥과 비슷하지만 기름을 많이 사용하기 때문에 여행자들은 '기름밥'이라고도 부른다.

대형 쁠롭용 솥에다 달군 양기름에 양파와 고기(양고기, 쇠고기)를 넣고 익힌 후 노란 당근을 넣어 볶는다. 그리고 물을 적당하게 넣고 끓인 후 씻은 쌀을 넣는다. 쌀이 반쯤 익었을 때 마늘과 건포도, 콩 등 원하는 재료를 넣어 쌀이 익을 때까지 뜸을 들인다.

손님들이 오거나 잔치, 생일 등 특별한 일이 있을 때 만드는 우즈벡 전통음식으로, 우즈벡 사람뿐 아니라 고려인 등 중앙아시아 민족이 즐겨 먹는 음식이다. 지역에 따라 재료와 만드는 방법에 있어서 약간의 차이가 있으며, 그 이름도 100여 가지가 된다. 타슈켄트에서는 '바담자르'지역에 쁠롭 전문 식당이 있고 여러 종류의 각 지역별 다양한 쁠롭을 맛볼 수 있다.

(2) 샤슬릭(шашлык)

러시아어로 꼬치구이라는 뜻을 가지고 있는 샤슬릭은 향신료로 양념한 소고기나 양고기를 다져서 뭉친 다음 꼬치에 끼워 숯불에 구워먹는 음식으로 우리나라 사람들이 매우 좋아한다. 이슬람권이라 돼지고기는 금하고 있지만, 비무슬림을 위해 돼지고기 샤슬릭을 판매하는 식당도 많이 있다. 작은 고기 덩어리, 갈은 고기, 간, 감자 등 다양한 재료의 샤슬릭이 있으며, 민물생선으로도 샤슬릭을 한다. 숯불에 구워지면 채 썬 양파에 새콤한 소스를 뿌려 함께 먹는다. 보통 저녁식사 때가 되면 거리의 곳곳에는 샤슬릭 굽는 냄새로 가득하다.

(3) 메니(пельмени)

우리나라의 만두와 비슷하며 크기가 작다. 속재료로는 고기와 양파 다진 것 등이 들어가는데, 만둣국처럼 먹기도 하고, 물만두처럼 쪄서 먹기도 한다.

(4) 삼사(самса)

한국의 고로케와 만두의 중간쯤 되는 음식이다. 밀가루 반죽으로 만두피를 빚는 것처럼 얇게 밀어 버터를 골고루 묻힌 다음 달걀말이를 하듯이 돌돌 만다. 그런 다음 한입 크기로 작게 자른 후 다시 한 번 밀어 속(양파와 고기 다진 것)을 넣고 세모나 둥근 모양 등 원하는 형태로 만들고, 모양낸 것들을 오븐이나 가마에 구우면 된다.

(5) 리뾰쉬까(лепёшка)

우즈벡 사람들의 식탁에 항상 빠질 수 없는 주식으로, '탄드라'라는 벌집모양의 큰 진흙가마에서 구워지는 우즈벡 전통빵이다. 보통 원형모양으로 두꺼운 피자빵과 비슷하며, 둘레는 두껍고 가운데는 얇고 편편하게 만들어 깨나 향신료를 뿌린다. 가운데 얇은 부분은 과자처럼 바삭바삭하며 맛이 있어 귀한 손님에게 제공한다. 보기와는 다르게 고소하고 담백하며, 빵이 질기지만 쫄깃쫄깃하다. 우리나라 사람들도 좋게 평하는 음식이다.

우즈벡인들은 빵을 신성하게 여겨 만들 때나 보관할 때 정성을 다하며, 남녀가 함께 식사할 때에는 남자가 빵을 뜯는다고 한다. 우즈벡어로 '논'이라고도 불린다.

(6) 라그만(лагман)

수르파처럼 국물을 만든 후 채소와 고춧가루 등을 넣어 양념한 다음 국수 면발을 넣어 만든 음식으로 국물 맛은 마늘이 들어가 있어서 그런지 시원하다. 전통 위구르식 라그만 은 고기와 채소를 볶아서 만들기 때문에 국물이 생기지 않는다.

(7) 수르파(шурпа)

고기, 감자, 양배추, 양파, 당근 등을 넣어 끓인 국이다. 양념 대신에 향신료로 간을 해 서 기름이 많고 느끼한 맛이 난다.

(8) 수말락(сумаляк)

호밀을 3일 동안 뜨거운 방에서 매일 물을 주며 발아시켜 쌀을 틔운다. 발아되는 기간 동안 여자들은 매일 몸을 정결히 하고 코란을 읽고 좋은 생각만 해야 하며, 그렇지 않으면 부정이 타서 맛있는 수말락이 되지 않는다고 여긴다.

발아시킨 호밀은 갈아서 밀가루와 섞은 다음 기름을 조금 두르고 냄비(보통 큰 가마솥)에 조금씩 물을 부어가며 끓이는데, 약 하루 동안 계속 눋지 않게 저어주면 된다. 원래 수말락 이라는 뜻은 7명의 천사를 의미한다고 한다. 그래서 요리에 7개의 작은 돌이나 호두를 넣는 데, 이것을 발견하는 사람은 행운을 얻는다고 믿고 있다. 설탕을 넣지 않았는데도 단맛이 나 므로 우즈벡인들은 밤에 천사가 몰래 와서 설탕을 넣고 갔다고 여긴다.

(9) 차이(чай)

우즈벡인들은 손님이 찾아왔을 때, 목이 마를 때, 기름진 음식을 먹은 후, 그리고 한여 름에도 뜨거운 차이를 마시는 것을 즐긴다. 또한 다과를 먹으며 담소를 나누거나 식사 시 에도 손님들에게 반드시 제공한다. 찻잔에 차를 따를 때에는 1/3 정도만 채우는데, 이는 차를 뜨겁게 마시도록 하고, 얼마든지 더 따라주겠다는 뜻이며, 손님에게 더 머무를 것을 청하는 환대의 의미도 있다. 만약 잔에 가득채우면 '이 차이만 마시고, 빨리 가라'는 결례 의 표현이 되므로 유의해야 한다. 차는 홍차와 녹차가 있는데 우즈벡인들은 주로 녹차를 선호하며, 기호에 따라 레몬이나 설탕 등을 함께 넣어 마신다.

동서양을 오가던 상인들의 길

유럽의 동남쪽, 아시아의 남서쪽, 흑해 연안

수도	앙카라
언어	터키어
기후	지중해성 기후(해안), 대륙성 기후(내륙)
종교	이슬람교 99%, 기독교, 유대교 등
대표음식	케밥, 피데, 쿰피르, 돈두르마

터키의 재래시장(바자르) 풍경과 요리 : **1.** 돈두르마, **2-4.** 케밥, **5-6.** 바클라바, **7.** 시미트, **8-9.** 차이, **10.** 카흐베, **11.** 로쿰, **12.** 돌마, **13.** 필라프, **14.** 쿰피르, **15.** 피데

1. 터키의 식문화

터키민족은 알타이산맥 서쪽과 우랄산맥 남동쪽에서 시작된 민족이며, 내륙아시아에서 주로 유목생활을 하였다. 내륙의 고원지대는 겨울에 영하 15° 정도까지 내려갔다가 여름에는 37°를 넘는 등 기온 차가 크다. 또한 사계절이 뚜렷해 계절마다 다양한 채소와 과일이 생산되고 겨울이나 여름을 나기 위한 저장음식이 발달했다.

지리적으로 영토의 대부분을 차지하는 중부의 고원과 산맥에서는 유목이 이루어진다. 북부와 서부는 에게해와 마르마라해, 흑해와 접해 있어 해산물이 풍부하다. 흑해 부근은 지중해성 기후로 차, 레몬, 오렌지 등이 생산되며 지중해성 기후의 소아시아 서부와 남부 평야는 벼농사가 행해지며, 산과 평야, 바다 어디서라도 식재료를 구할 수 있다.

유목생활을 하였던 터키 민족은 휴대가 편리하고 보존이 잘되는 식품을 준비하였는데 대표적인 것이 치즈와 요거트이다. 특히 요거트는 순수한 터키어로 8세기에 이미 문헌에 실려있다. 중앙아시아의 건조한 풍토에서는 식품을 말려서 장기 보존한다. 때문에 햇빛에 말린 치즈가 많고, 소금과 향신료로 고기를 싸서 건조시킨 파스트르마도 있다. 10세기 무렵 시르다리야 유역으로 옮아간 터키인은 인접한 이란계 농경민과 접촉하면서 농경적 성향이 더해졌다. 예를 들면 초르바(수프), 필라프(버터밥), 보렉(파이), 퀘프테(다진 고기경단) 등을 뜻하는 터키어는 모두 페르시아어에서 유래했다.

1453년 콘스탄티노플 정복 이전의 오스만왕조 요리는 조리법이 간단하고 종류가 적었다. 터키인은 비잔틴 제국에서 활발하였던 포도, 올리브 재배와 양봉업을 이어 받았으며 그들의 식품도 받아들였다. 커피는 16세기에 이집트에서 전해졌으며 17세기에 유럽으로 전해져 보급되었다. 오늘날 터키요리에서 가장 중요한 토마토 페이스트는 17세기 말 이후부터 요리에 썼다. 터키는 15세기에서 20세기 초까지 오스만 제국이 지배하는 영토 확장 기간 동안 세계 여러 나라의 음식문화를 적극적으로 흡수해 화려한 음식문화를 꽃피웠다. 요거트와 올리브 오일을 요리에 사용하는 방법을 전 세계에 전파했다고 알려진 나라이기도 하다.

터키는 각 가정마다 고유의 요리가 있고, 지방마다 독특한 향토음식들이 발전했다. 또한 최상급의 궁중음식들이 터키 음식의 품격 상승에 기여한 영향 또한 크다. 그리고 특별한 날에 만드는 명절음식, 축제음식 등도 음식문화 발전의 촉매 역할을 했다.

터키의 대표 음식인 케밥의 종류는 다양하다. 처음에는 재료가 단순했지만 오스만 제국 아나톨리아지방에 정착하면서 왕의 밥상에 동일한 요리를 올려서는 안 된다는 법칙에 따라 재료와 조리법이 풍부해졌다. 케밥의 종류는 200~300가지에 이를 정도로 다양하고 지방마다 특색이 있다. 대표적으로 숯불 회전구이 도네르(Doener) 케밥, 진흙 통구이 쿠유(Kuyu) 케밥, 꼬치구이 쉬쉬(ShiShi) 케밥, 도네르 케밥에 요거트와 토마토소스를 첨가한 이슈켄데르(Ishkender) 케밥 등이 있다. 이 외에도 터키식 필라프, 파이 종류의 보렉(Borek), 돌마(Dolma) 등이 있다.

2. 터키의 음식

1) 터키 음식의 특징

터키는 두 대륙에 걸쳐 있어 유라시아라는 표현이 어울린다. 실제 위치상으로 에게해, 지중해, 마르마라해, 흑해와 접해 있다. 조상을 따져 올라가 보면 중앙아시아의 민족이 유럽과 아랍 민족과의 접촉으로 생겨난 나라이다. 오스만 제국의 600여년에 이르는 영토 확장시기에 유럽, 페르시아, 발칸, 북부아프리카 등의 문화 융합을 통하여 독특하며 세계적인 음식문화를 발전시켰고, 그 종류 또한 다양하다. 중앙아시아 유목민들의 소박한 요리에서 시작하여 중동지방의 섬세하고 풍요로운 채소, 과일, 육류, 해산물로 만들어진 요리로 발전되면서 세계적인 요리로 자리잡게 되었다.

터키의 주 산업은 자급률 100%를 자랑하는 농업이다. 밀가루 쌀, 면화 등이 주요 작물이며, 양을 중심으로 목축업도 발달하였다. 따라서 수프, 볶음밥과 같은 필라프(Pilaf)를 즐겨 먹고 유제품이 풍부하다. 요리할 때 채소에 버터나 올리브를 넣고 약불로 오래 익혀서 깊은 맛을 낸다. 또한 국토의 많은 부분이 바다에 접해 있어 생선을 이용한 요리가 발달하였다. 프랑스요리, 중국요리에 뒤이어 세계 3대 요리로 꼽히는 터키요리는 양젖과 양고기를 기본으로 하여 다양하고 독특한 맛과 분위기를 가진다.

(1) 유목문화 영향

겨울이 6개월 이상 되는 중앙아시아 기후의 영향으로 유목민의 주식은 고기와 유제품과 같이 가축으로부터 얻어진다. 중앙아시아 튀르크인들은 주로 양고기와 말고기를 선호하였으며 쇠고기는 터키 공화국 이후에 애용되기 시작하였다. 유목민들은 하루 먹을 만큼의 고기를 사용하고 남은 것은 말리거나 얼려서 저장하였고, 이동 시의 간편성과 보관이 중요해 일찍이 식품 저장 방법을 터득하였다. 이렇게 소지하기 간편하게 만들어진 저장육으로는 파스트르마(Pastirma)와 수죽(Sucuk)이 있다. 파스트르마는 체멘씨, 고춧가루, 다진 마늘, 소금 등을 넣고 으깨어 체멘을 고기 전체에 발라 저장시키고, 수죽은 고기를 갈아서 마늘과 소금, 후추 등과 같은 양념을 넣고 반죽하여 동물의 내장 안에 넣어 만든 저장육이다.

유목민의 주요 음료는 말의 젖으로 만든 마유주이다. 마유주는 지금도 유목생활을 하는 몽골인이나 튀르크인에게는 음료 이상의 역할을 하고 있다.

(2) 농경문화 영향

터키 음식은 곡물과 채소가 주재료로 사용되는 초르바(Corba)를 볼 때 농경문화의 특성이 나타난다. 초르바(Corba)의 종류에는 다양한 곡식과 채소 및 고기를 넣고 끓이는 터키식 수프로 요거트 초르바(Yogutr Corba), 콩으로 만든 메르지맥 초르바(Mercimk Corba), 쌀 초르바(Pilaf Corba) 등이 있다. 초르바는 비타민, 단백질, 탄수화물이 풍부하고 에크맥과 함께 따뜻한 초르바 한 그릇은 아침 영양식으로 많이 애용되고 있다.

밀가루 반죽으로 만드는 에리쉬테(Eriste), 만트(Manti), 보렉(Borek), 타를르(Tatli) 등의 음식도 농경문화의 특징을 보여준다. 에리쉬테(Eriste)는 밀가루를 반죽하여 우리나라의 칼국수처럼 밀어서 얇게 썰어 초르바(Corba)에 넣거나 끓여 먹는다. 만트(Manti)는 우리의 만두와 비슷하지만 크기가 매우 작고 요거트를 뿌려서 먹는다. 보렉(Borek)은 밀가루를 반죽하여 가늘고 길게 밀어서 적당한 크기로 잘라 치즈, 고기, 감자, 시금치 등의 여러 재료로 다양하게 만들어 굽거나 튀겨낸 것이다. 타를르는 후식용 빵 위에 설탕을 녹여부어서 만든 것으로 식사의 맨 마지막에 먹는 후식류로 종류가 다양하고 터키인은 식사 때 꼭 타를르를 먹는다.

(3) 타 문화 영향

중앙아시아의 초원에서 유목생활을 하던 튀르크족은 지중해의 아나톨리아 반도로 이주하여 정착하고 민족화되면서 음식문화에도 많은 변화가 생겼다. 튀르크족은 서쪽으로 이주하면서 그 지역의 거주민들과 융화하여 그들의 문화를 공유하게 되는데, 이는 터키 음식이 이란, 아랍 음식과 유사한 점에서도 알 수 있다.

터키인의 직접 조상인 오우즈 튀르크인은 12세기 지금의 이란 밑 중동지역에 셀축 제국을 건설하고 이란과 아랍 문화를 수용하였다. 500여년의 오스만 제국 기간 동안에는 동유럽과 북아프리카 및 중동을 지배하면서 다양한 문화와 접촉하여 제국의 궁정문화를 발달시켰다.

(4) 종교문화의 영향

터키의 음식문화는 전 국민이 이슬람 종교의 영향을 받았다. 무슬림에서는 금지하는 식품은 하람(먹어서는 안 되는 식품)으로 규정된다. 말고기를 즐겨 먹던 유목민의 풍습은 이슬람교를 받아들인 이후 터키인에게서 사라지게 되었다. 또한 돼지고기, 돼지고기로 만들어진 햄, 소시지 또한 금지식품으로 규정되어 있다.

유목민 튀르크족은 오랜 음주문화를 지닌다. 술은 식품이자 영양음료로 애용되었고, 제사 때에도 중요한 성물로 사용되었다. 우유나 말의 젖을 발효시켜 만든 마유주 외에도 알코올 성분이 있는 라키(Raki)와 와인의 일종인 샤랍(Sharap), 밀이나 귀를 사용한 베으니(Beuni)라는 곡주도 만들어 먹었다. 하지만 터키족의 이슬람 수용 후 술은 악의 근원으로 간주하여 음주가 죄악시 된다. 다른 아랍, 이슬람 국가에서처럼 술을 팔거나 마시는 것이 금지되어 있는 것은 아니지만, 그들의 사회가 음주를 허용하는 분위기는 아니기 때문에 편한 음주자리는 보기 힘들다.

터키 음식문화는 유목민 음식문화, 농경문화, 차문화의 영향, 종교문화가 가미되어 세계 주요 요리로 발전하였다.

2) 터키의 일상식

터키인들은 하루 세 번의 식사를 기본으로 한다. 아침과 점심은 간단하게 먹고, 저녁은 가족이 모여 성찬을 즐기는 전통을 이어오고 있다.

빵과 토마토, 올리브, 치즈, 수프 또는 따끈한 차이(Chai)를 마시는 정도로 간단하면서도 영양가가 풍부한 아침식사를 먹는다. 터키인들은 아침을 간단히 하기 때문에 점심식사는 대체로 일찍 먹으며 보통 육류나 생선요리 한 가지와 빵, 샐러드 등을 먹는다. 후식으로는 과일이나 단 후식을 먹는다. 식사 때는 물이나 차, 아이란 등을 함께 마신다. 터키인들의 저녁은 다양한 양념을 사용하여 음식을 정성껏 만들어 성대하게 먹는다. 가족이 식탁에 함께 모여서 저녁식사를 하게 되는데, 음식도 절차에 따라 처음엔 수프, 육류, 밥, 에크멕, 마카로니 또는 보렉 등이 나온다. 공동으로 먹을 수 있는 채소 샐러드, 터키식 짠지 투루슈 또는 요거트 등이 함께 식탁에 놓여진다. 식사 후에 후식으로 단과자나 빵 등이 나오고 과일을 먹고 나면 모든 식사과정이 끝난다. 전체적으로 보면 터키인은 구워먹는 것을 좋아하고 육류 음식을 많이 먹는다. 음식은 간이 짠 것은 아주 짜고 샐러드 등은 아주 싱거운 이중적인 맛을 지니고 있으며, 매운 음식을 먹은 후엔 단 후식을 먹고 신선한 생채소를 많이 먹는다.

■ **터키의 식사예절**

① 종교성이 강한 가정에서는 식전과 식후에 반드시 기도를 한다.
② 음식에 코를 대고 냄새를 맡지 않고, 음식을 식히기 위해 입으로 불지 않는다.
③ 숟가락이나 포크를 빵 위에 올려 놓지 않는다.
④ 상대방 앞에 있는 빵 조각은 먹지 않는다.
⑤ 식자 중에 사망자나 환자에 대한 언급은 하지 않는 것이 좋으며 음식은 남기지 않는다.
⑥ 식사 중 대화는 가능하나 입안에 음식을 넣고 말을 하지 않는다.
⑦ 식사 후에는 마련한 사람에게 감사의 표시로 "엘리지네 사을륵 : 그대의 손에 건강이 깃들길"이라는 감사의 인사를 빠뜨려서는 안 된다.
⑧ 음식을 주고 받을 때는 반드시 오른손을 사용한다.

3) 터키 음식의 종류

(1) 쌀

터키는 인디카 타입의 끈기 없는 쌀로 밥을 하는데, 처음부터 기름을 넣어 익히며 돌마(Dolma)와 필라프(Pilaf)가 대표적이다.

- **돌마(Dolma)** : 속을 채운 음식을 모두 돌마(Dolma)라고 부른다. 포도나무 잎, 양배추 잎, 피망, 가지, 호박 등의 채소 안에 각종 양념을 한 쌀이나 고기, 채소, 견과류, 파스타를 넣어 쪄서 만든 음식으로 그 종류가 수십 가지에 이른다. 즐겨 먹는 미디에 돌마(Midye Dolma)는 홍합 안에 쌀을 넣어 찌는 요리이다.
- **필라프(Pilaf)** : 한국의 볶음밥과 비슷한 것으로 밥을 할 때 처음부터 버터나 마가린 등을 넣어 기름으로 볶는다. 특히 기름을 섞은 흰 밥인 베야즈 필라프(Beyaz Pilaf)를 즐겨 먹는다.

(2) 밀가루

- **빵** : 빵은 터키인들의 주식이며 이동과 보관이 용이하여 이동을 주로 하는 유목민들에게 편리한 음식이었다. 터키는 밀이 풍부하여 다양한 빵을 만들어 먹었다. 빵의 종류는 주식은 에크멕(Ekmek)과 피데(Pide), 간식인 시미트(Simit), 포아차(Pogaca), 보렉(Borek) 등이 있다.

  ① 에크멕(Ekmek) : 프랑스 바게트와 비슷한 맛으로 식당에서 흔히 제공되는 빵이다.
  ② 피데(Pide) : 단순히 밀가루만 사용하여 구운 얇고 둥글넓적한 빵이다. 피자와 비슷하고 치즈의 양은 적어 담백하다.
  ③ 시미트(Simit) : 도넛 같은 고리모양의 빵과자로 맛이 약간 짭짤하고 깨가 붙어 있어 맛이 고소하다. 길거리에서 쉽게 구할 수 있는 빵이다.
  ④ 포아차(Pogaca) : 간단하게 간식으로 즐기는 빵으로 포아차 속에는 요거트나 치즈가 들어 있다.
  ⑤ 보렉(Borek) : 치즈나 달걀, 각종 채소, 간 고기 등이 들어 있는 얇은 페이스트리로 굽거나 튀긴 것이다.

- **만트**(Manti) : 한국식 만두와 비슷하다. 작은 만트를 쪄서 건진 후 그 위에 마늘을 갈아 넣고 요거트와 기름을 섞은 토마토소스를 얹은 후 고춧가루를 뿌리면 터키식 만트가 된다. 카파도키아의 카이세리 만트(Kayseri Manti)가 유명하다.
- **괴즐레메**(Goezlme) : 밀가루 반죽을 얇게 펴서 그 안에 치즈와 시금치, 감자 등을 넣고 팬에 구워 낸 간식의 일종이다.

(3) 육류

터키인들은 쇠고기보다 양고기를 즐겨 먹고 돼지고기는 코란에서 금하고 있기 때문에 먹지 않고 사육도 하지 않는다. 또한 오랜 유목생활로 육류가 풍부하고 물이 귀하기 때문에 삶아 먹기보다는 꼬치에 끼워 구워먹는 식습관을 가지고 있다. 구이의 대표적인 음식으로는 케밥(Kebab)과 쾨프테(Köfte)가 있다. 케밥(Kebab)은 고기산적의 일종으로 양념은 주로 소금과 후추를 사용해 굽는다. 쾨프테는 잘게 다져진 고기를 다른 양념과 다양한 식재료를 섞어 버무린 다음 구워낸다.

- **케밥** : 터키인이 가장 많이 사용하고 즐겨 먹는 육류는 양고기이다.

   ① 쉬쉬 케밥 : 양고기 또는 쇠고기, 닭고기를 적당한 크기로 잘라 꼬치에 끼워서 숯불에 구워내는 음식이다.
   ② 도네르 케밥 : 얇게 썬 고기를 몇 겹으로 금봉에 감아 회전시키면서 굽는 숯불 회전구이 형식이다. 겉이 익을 때마다 가늘고 긴 칼로 위에서 아래로 베어내 토마토, 고추 등의 채소와 함께 밀가루 반죽을 얇게 해서 구운 빵에 싸서 먹는 대표적인 케밥이다.
   ③ 이쉬켄데르 케밥 : 도네르 케밥에 요거트와 토마토소스를 첨가한 케밥이다.
   ④ 촘맥 케밥 : 고기를 잘라 채소를 항아리에 담은 후 항아리째 오븐 안에서 익혀 내는 케밥이다. 촉촉한 질감을 지니고 있어 먹기에 좋다.
   ⑤ 아다나 케밥 : 잘게 자른 육류를 여러 가지 매운 양념과 함께 버무려 모양을 잡아 꼬치에 끼운 후 구워내는 케밥이다. 매운 양념이 특징이고 아다나지방에서 유명한 케밥이다.

- **쾨프테** : 고기를 갈아 단자를 만들어 화덕에 구운 것으로 빵, 구운 고추, 생토마토 등을 곁들여 먹는다. 물 녹말과 고추기름을 넣어 맵고 걸쭉하게 만들어 먹기도 한다.
- **파스트르마** : 쇠고기나 양고기에 후춧가루와 향료를 뿌려 소금에 절인 다음 햇볕에 말린 식품이다. 장기보관이 쉽고 운반이 편리하여 군용식품으로 이용하기도 했으며

오랜 유목생활을 해온 터키인들에게 꼭 필요한 식량 중 하나이다.

- **초르바**(Corba) : 다양한 육류와 녹두, 채소를 넣은 수프이다. 붉은색이 도는 에조게린 초르바(Ezogelin Corba)와 타북 초르바(Tavuk Corba)는 그 맛이 일품이다. 타북 수유 (Tabuk Suyu)의 맛은 닭백숙의 국물 맛과 비슷하다. 메인요리 전에 먹게 되는 수프인 멜줌 초르바(Melzume Corba)는 녹두를 갈아 만드는 녹두죽과 유사한 음식이다.

(4) 채소

구운 반찬으로 채소를 먹는 동시에 생으로 먹는 것도 유목민들의 식생활 습관이다.

- **전채** : 식사가 나오기 전에 전채요리(Meze)가 준비된다.
- **돌마**(Dolma), **살라타**(Salata), **요거트와 콩을 갈아 만든 소스, 으깬 가지, 매운 고추소스 등 이 있다.**
- **샐러드** : 터키의 샐러드 살라타(Salata)는 채소를 깨끗이 씻어 싱싱한 상태로 제공된 다. 토마토, 코리엔더, 붉은 양배추, 양상추 등이 있다.
- **절임음식** : 채소나 향신료를 사용하여 짠지를 담근다. 터키식 짠지를 투르슈(Torshi) 라고 한다. 오이, 당근, 토마토, 피망, 올리브, 마늘, 고추, 양파 등을 이용해 만든다.

(5) 유제품

터키인들은 시큼한 요거트나 식초를 음식에 뿌려 먹고, 대부분 시큼한 맛을 즐긴다. 터 키식 요거트는 고체와 액체의 중간 형태로, 요거트 원액을 희석시키거나 채소 등을 섞어 여러 가지 독특한 음식을 만든다. 요거트와 흰 치즈는 유목민의 대표적인 음식이다.

- **요거트**(Yogurt) : 양젖이나 소젖을 발효시켜 만든 것으로 장기간 동안 보관 가능한 유 목민의 음식이다. 고체와 액체의 중간 형태로 매우 시큼한 맛을 가진다.
- **아이란**(Ayran) : 요거트에 물, 소금을 섞어 희석시킨 짠맛 나는 음료로 요거트의 비율 이 맛을 결정한다. 아이란을 마시면 갈증이 없어지고 숙면을 할 수 있다 하여 더운 여름밤에 애용된다.
- **자즉**(Cacik) : 아이란에 오이채나 마늘을 갈아 넣어 차게 만든 음료이다.
- **살렙**(Salep) : 난초향을 첨가하여 끓인 우유로 맛이 좋을 뿐 아니라 감기 치료에도 효 과가 있다.

- **치즈**(Cheese) : 동물의 젖을 이용해서 만들며 가정에서 쉽게 만들 수 있고 운반도 용이하여 애용된다.

(6) 음료

- **차이**(Chai) : 커피보다 대중적인 음료로 한 번에 2~3잔 마시는 경우도 많다. 홍차 맛과 비슷하지만 끓이는 시간과 첨가하는 향신료에 따라 여러 가지의 맛이 난다.
- **카흐베**(Kahve) : 차이 다음으로 즐겨 마시는 터키식 커피로 오스만 제국 당시 시리아 상인들에 의해 전해지게 되었다. 카흐베는 커피 원두를 미세한 분말로 갈아 설탕과 함께 끓인다. 커피를 갈 때 카다몬(Cadamom)이라는 향신료를 첨가하기도 한다. 카흐베를 끓이는 주전자를 제즈베(Cezve)라고 하고 여기서 졸여서 남은 찌꺼기로 그날의 운세를 점치기도 한다.
- **보자**(Boza) : 옥수수나 보리를 발효시켜 만든 걸쭉한 음료수이다. 시나몬을 첨가해 구운 병아리콩과 먹으면 더욱 맛있다. 겨울밤, 길거리에서도 판매한다.
- **사과차**(Apple Tea) : 홍차와 비슷하게 연한 갈색이고 달콤한 맛을 가졌다. 보통 뜨거운 상태로 작은 잔에 마신다.

(7) 후식

터키는 식사 후 꼭 단과자와 과일을 먹는다. 터키의 디저트는 굉장히 달고 향이 진한 편이며 술이 금기시되는 문화권이므로 대체될만한 단맛의 디저트가 발달하였다고도 볼 수 있다.

- **과일과 과일주스** : 터키는 광활한 영토에서 사시사철 과일이 재배되어 철 따라 신선한 과일을 즐길 수 있다. 기온이 높은 지중해와 에게해 연안에서 사과, 오렌지, 포도, 복숭아, 딸기, 수박, 버찌, 배, 바나나, 멜론, 자몽, 살구 등 다양한 종류의 과일을 볼 수 있으며 가격이 저렴하다.
- **호샤프**(Hosaf) : 호샤프란 말린 과일을 설탕물에 끓여 만드는 것으로 포도 호샤프, 자두 호샤프, 버찌 호샤프, 모과 호샤프가 있다. 일종의 과일 통조림으로 한 계절에만 나는 과일을 장기 보관하기 위해서 먹기 좋게 썰고 말린 다음 설탕물을 넣고 졸인 저장식품 중 하나이다.

- **로쿰**(Lokum) : 설탕에 장미수나 레몬즙을 넣고 전분과 견과류(호두, 피스타치오, 코코넛, 아몬드, 헤이즐넛)를 넣어 만든다. 옥수수전분을 사용하여 쫄깃한 식감을 낸다.
- **술탁**(Sultac) : 우유와 쌀가루를 넣은 터키식 푸딩이다.
- **돈두르마** : 염소의 젖을 이용해서 만드는 아이스크림으로 늘어지는 성질을 가졌다. 찰떡 아이스크림이라고도 하고 맛은 부드럽고 산뜻하다.
- **바클라바**(Baklava) : 패스트리 반죽에 호두, 피스타치오 등의 견과류, 설탕시럽 등을 얹어 만드는 달콤한 과자로 라마단 명절, 희생절 등의 명절 때는 반드시 바클라바를 준비한다. 또한 생일 잔치, 집들이 잔치에 초대되어 갈 때도 손님들은 바클라바를 가지고 간다. 만들기는 어렵지만 아직도 직접 만들어 전통을 계승하며, 가정에 따라서는 군대가는 아들에게 만들어가거나 들려보내는 디저트로 유명하다.

(8) 주류

터키인들이 이슬람을 받아들이기 시작하면서 코란에서 음주를 금하고 있으나, 다른 이슬람 문화권과 다르게 융통성 있는 음주문화를 가지고 있다. 음주 자체는 부담스런 행위로 인식되고 있으나, 포도주, 맥주, 또는 여타 알코올 음료를 자유롭게 마실 수 있다. 와인과 라키 이외에 포도나 다른 과일을 이용해서 만든 과실주와 말의 젖으로 만든 쿠미즈(Kumyz) 등이 있다.

- **와인**(Wine) : 터키 포도주는 오스만 제국시대부터 생산되어 유명해졌으며 터키는 현재 포도주를 수출하고 있다.
- **라키**(Raki) : 터키의 민속주로 알코올 도수가 45° 이상인 독한 술로 '사자의 젖'이라고 불리기도 한다. 라키에 생수나 얼음을 부어 희석시키면 하얀 우윳빛으로 변한다. 주원료인 포도를 증류하여 아니스(Anis, 팔각)향을 첨가해서 만든다.

■ 로쿰(Lokum) = 터키쉬 딜라이트(Turkish Delight)

터키과자의 일종으로, 설탕과 전분을 주원료로 하여 달콤하고 쫀득한 맛이 특징이다. 영어명은 '터키쉬 딜라이트(Turkish Delight)'이다. 직역하면 '터키에서 온 기쁨'이라는 뜻으로 달콤하고 부드러운 맛에서 붙은 이름이다.(19세기 이스탄블을 방문한 영국인이 터키산 당과에 매료되어 이것을 영국에 수입하면서 붙인 이름이라고 한다.)

오늘날 터키쉬 딜라이트는 진한 터키식 커피에 곁들여 먹는 일상적 간식일뿐만 아니라 여행자들의 대표 기념품으로 자리매김하고 있다.

동물성 젤라틴(Gelatin)을 원료로 사용하는 일반 젤리(Jelly)와 달리 터키쉬 딜라이트는 식물성 재료인 옥수수 전분으로 만들며, 견과류·과일맛 등 다양한 종류가 있다. 젤리와 비슷한 식감을 가지고 있으나 젤리의 어원이 되는 젤라틴을 사용하지 않으므로 엄밀히 말하면 젤리라고 할 수 없다.

■ 휠링드비쉬(Whirling Devishes) = 수피(Sufi)댄스

이슬람의 수피교단의 춤으로, 신비주의를 통해 알라와 하나 되는 경지를 리듬에 맞추어 춤을 추며 무아지경에 빠져든다고 한다. 이슬람교도가 아니더라도 인간의 마음을 헤아릴 수 없는 평안함을 느낄 수 있게 해주어 터키, 모로코 등을 여행할 때 관람코스로 손꼽히고 있다.

■ 이스탄불 이집션 바자르

터키 서민들이 사는 모습을 그대로 엿볼 수 있어 관광객이 많이 찾는 재래시장이다. 동양적이고 이국적인 매력이 물씬 풍긴다. '이집시안'이라는 명칭은 북아프리카와 이집트에서 온 허브나 향신료 등을 팔았기 때문에 붙은 것으로 지금은 향신료 외에 귀금속, 식료품, 토산품 등도 판매한다.

■ 차

■ 터키 물담배

Beyti Sarma
베이티샤르마

재료

고기반죽

다진소고기 400g
빵가루 1컵
달걀 1개
양파 1/2개
다진마늘 2/3큰술
다진파슬리(fresh) 약간
후추 약간
큐민가루 1/2작은술
칠리 파우더 1/2작은술
소금 약간

토마토소스

버터 2큰술
토마토 페이스트 2큰술
물 1컵
소금 2/3작은술

*플레인 요플레 1컵
소금 약간

만드는 과정

1. 볼에 분량의 고기 반죽 재료를 넣고 치대어 3cm 두께의 원형 막대모양으로 빚는다.
2. 오븐 용기에 종이호일을 깔고 170℃ 오븐에 20분간 굽는다.
3. 소스만들기 - 작은 팬에 버터를 녹이고, 토마토 페이스트를 넣어 약한 불에 충분히 볶아준다. 물을 첨가하여 끓여 점성이 생길 정도로 졸아들면 소금을 약간 넣고 불을 끈다.
4. 또띠아에 2의 패티를 올려놓고 김밥 말듯이 돌돌 말아준다.
5. 160℃ 오븐에 또띠아롤이 노릇노릇하게 10분 정도 구워 2cm 폭으로 썬다.
6. 완성접시에 요플레에 소금을 약간 섞어 깔고, 또띠아롤을 올리고, 토마토소스를 끼얹은 후 다진 파슬리를 뿌려준다.

※ 터키에서는 또띠아 대신 밀가루, 소금, 물로 빚어 구운 '유프카'라는 빵을 이용한다.

Saksuka
샥슈카

재료

가지 3개
튀김용 식용유 적당

양파 1개
마늘 3~4톨
청고추 2개

토마토 페이스트
1~2큰술
토마토 3개

물 1컵
소금 약간
파슬리 적당

만드는 과정

1. 가지는 깨끗이 씻어 껍질을 벗기고 깍둑썰기하여 20분간 소금물에 담근다.
2. 가지가 절여지도록 기다리는 동안 양파, 마늘, 청고추와 토마토를 작게 자른다.
3. 튀김팬에 기름을 달구어 절여진 가지의 물기를 제거한 후 튀겨낸다.
4. 팬에 기름을 약간 두르고 양파, 마늘을 소금간하여 충분히 졸이듯 볶는다. 계속해서 청고추를 넣고 1분 정도 더 졸인다.
5. 4에 토마토 페이스트를 넣고 1분간 더 볶는다. 계속해서 토마토를 넣고 충분히 졸인다.
6. 물과 소금을 넣고 물기가 없어질 때까지 졸인다.
7. 가지를 접시에 담고 그 위에 잘 졸여진 6의 토마토소스를 뿌린 후 다진 파슬리를 뿌려낸다.

※ 한두 시간 지나서 먹으면 더욱 맛이 좋다.

※ 달걀을 깨서 넣은 후 오븐에 반숙 정도로 익혀내어도 좋다.

이스라엘

다시 세워진 유대인의 나라

아시아 서남부

수도	예루살렘
언어	히브리어, 아랍어
기후	전형적인 지중해성 기후
종교	유대교 75%, 이슬람교 17.7%, 기독교 2.0%, 드루즈 1.6%, 기타 3.9%
대표음식	팔라펠, 후무스, 피타, 슈와르마

1

2

3

이스라엘의 시장풍경과 음식 : **1-2**. 피타, **3**. 슈와르마, **4**. 슈와르마 샌드위치, **5**. 팔라펠, **6**. 샥슈카,
7-8. 찰라, **9**. 프티팀, **10**. 메제, **11**. 베이글

1. 이스라엘의 식문화

이스라엘 음식은 세계의 다양한 음식들이 모여 있어 비교적 선택의 폭이 넓은 음식이다. 중동의 교통요지에 위치하여 오랜 역사를 통해서 정복자들, 교역자들, 식민지 관리 등이 3000년 이상 여러 대륙과 제국으로부터 이스라엘에 들어왔고, 이들이 각종 음식문화와 맛을 소개시켜 조화를 이루게 된 것이 이스라엘 음식문화의 배경이다. 로마, 그리스, 터키, 유럽십자군, 이슬람교도들이 역사에 걸쳐 고대 이스라엘 음식에 자취를 남긴 것이 오늘날의 이스라엘 음식이다.

비록 이스라엘 국토의 절반 이상이 사막이지만 이스라엘은 농업기술과 농산물 수출로 유명하다. 실제로 사막에서 토마토 등 채소를 기르고 있다. 자연에서 신선하고 다양한 채소와 과일이 수출되어 성서에 언급되는 종류로부터 동남아시아의 열대과일까지 찾아볼 수 있다. 각종 향신료, 조미료, 그리고 올리브오일은 이스라엘 음식에서 빼놓을 수 없는 요소이다. 올리브나무는 이스라엘 전역에 즐비하고 수천 년 이상 수명을 유지하고 있는 나무도 많다. 사막의 구릉지대에 각종 향신료 식물들이 야생하고 있으며 한때는 중요한 향신료 무역의 원산지였다.

주위의 이태리, 그리스, 스페인, 아랍 등의 음식과 같이 전형적인 이스라엘 음식은 통상 메제(Megge)라고 불리는 커다랗고 현란한 전채로 시작된다. 이태리 음식에서 '안티파스티'라 부르는 샐러드나 스페인요리의 '티파스'와 유사한 것으로 계절감각이 가미된 신선하고 특선된 몇 종류의 샐러드가 포함된다.

'메제앙상블'은 흔히 검은색, 갈색, 초록색 등의 다양한 색깔을 지닌 절인 올리브와 '후무스', '트히나' 같은 빵에 찍어 먹는 샐러드를 수반한다. '후무스'는 중동지역에서 나는 강낭콩의 일종으로 삶은 후에 갈아서 각종 향신료와 혼합한 음식이고 '트히나'는 참깨를 갈아서 마늘, 레몬, 파슬리 등과 혼합한 음식으로 빵이나 다른 음식에 곁들여 먹는다. '메제'와 식사 중에 '피타'라고 불리는 빵이 제공된다. 넓적하고 가벼운 주머니 빵은 수천 년 동안 중동에 전형적으로 사용되어온 빵이다. 이스라엘 요리에 나오는 각종 샐러드나 소스를 찍어 먹는데 완벽하게 어울리는 빵이다.

유대교의 음식규정에 따라 육류와 유제품을 함께 먹지 못하게 되어 있어 기름지고 풍부한 소스의 사용보다는 그릴요리 또는 음식물 고유의 즙과 신선한 향신료와 채소를 이용하는 음식이 대부분이다. 닭고기를 올리브오일과 향신료를 혼합한 용액에 절여서 굽는 요리도 유명하다. 돼지고기나 고기류의 요리는 금지되어 있으나 다양한 생선요리가 있다. 디저트는 꿀과 너트, 그리고 신선한 과일을 주로 이용한다. 유럽식의 크림이 사용되는 디저트와는 다른 양상을 지닌다.

20세기 초에는 유럽의 열강들이 영국, 독일, 프랑스에서 이스라엘에 모여들었다. 터키 오스만 제국의 통치가 끝나고 영국의 신탁통치가 시작되는 시점이다. 각종 유럽식, 동유럽식의 요리가 다시 중동의 터키 아라비아식 음식문화와 교류하며 현대 이스라엘 음식문화의 바탕을 이루게 된다. 이스라엘로 시오니즘에 따라 오랜 유랑 끝에 돌아오는 유대인들은 그들이 살던 나라의 음식문화도 함께 가지고 온다. 예멘, 모로코, 튀니지, 프랑스, 영국, 헝가리, 폴란드, 러시아, 스웨덴, 네덜란드 등에서 이스라엘에 온갖 음식문화가 들어와 새로운 모습을 갖게 된다. 오래되고도 새로운 음식문화를 꽃피우고 있다.

2. 이스라엘의 음식

1) 이스라엘 음식의 특징

이스라엘은 유대인의 율법에 한해서 발톱이 두 갈래로 갈라진 짐승은 금기시되고, 되새김질하는 동물은 허용되며, 비늘이 있지 않은 생선, 오징어, 갑각류, 꽃게, 조개 등을 먹을 수 없고, 유제품과 고기를 함께 먹을 수 없다.

정통 종교 유대인들은 엄격하게 코셔(음식을 가려먹을 것)를 지키지만 비종교인들은 먹고 싶은 대로 먹는 편이다. 그렇지만 절기에 따라 먹는 것을 가려서 먹는데, 이집트에서의 탈출을 기념하는 패삭(유월절)에는 통째로 익힌, 구운 양고기와 누룩이 없는 빵과 포도주를 마시는 것이 이 절기의 명시된 식사이다. 이때는 모든 슈퍼에서 이스트가 들어간 과자며 보통 우리가 사는 일반적인 밀가루를 팔지 않는다. 유제품 코너에도 상당부분 비닐로 쌓여져 살 수 없는 물건들이 있다. 이때에는 그릇도 특별한 그릇에 담는다.

보통 패삭용 그릇을 이용하고 종교인이 아니더라도 일회용 그릇을 이용하여 규례를 지킨다. 안식일이 되면 모든 상점이 문을 닫으며 심지어는 버스도 다니지 않는다. 이스라엘의 절기가 되면 안식일과 같은 일이 벌어진다. 절기가 시작되는 첫째 날과 마지막 날은 지켜야 할 것들이 많은데, 식당에도 유제품을 파는 곳과 고기를 파는 곳이 나뉘어져 있고, 심지어는 주문을 받는 것도 따로 있다고 할 정도로 나뉘어져 있으며 당연히 식기를 닦는 싱크대도 분리가 되어 있다. 이러한 음식을 구분하여 먹는 것을 코셔라고 하는데 모든 상점마다 코셔라는 것을 명시한다. 그렇게 쓰여지지 않은 식당에 종교인들은 절대로 가지 않는다.

낯선 사람(이방인)이 주는 음식을 먹지 않는 이유의 하나가 되는 것이 코셔가 아닐 수 있기 때문에 먹지 않는 것이다. 확실히 정결하지 않은 것은 먹지 말자는 것이다. 아이스크림도 코셔, 과자, 탄산음료에도 껌에도 코셔라고 적혀 있다.

2) 이스라엘 음식의 종류

(1) 팔라펠(Falafel)

후무스라는 병아리콩을 갈아서 호두 정도의 크기로 경단을 만들어 기름에 튀긴 것을 팔라펠이라고 부르는데, 기름에 튀긴 피타의 끝을 자르고 팔라펠 6개 정도와 채소샐러드 등을 넣어 소스를 적당히 뿌려 먹기도 한다.

(2) 슈와르마(Shuarma)

양고기를 구워서 만든 것으로 일반적으로 팔라펠 가게 앞에 빙글빙글 돌아가고 있는 것으로 주문하면 돌고 있는 그릴의 고기를 잘라 피타에 넣어주는데, 여기에 감자 프라이드와 채소샐러드를 함께 넣어주며, 먹는 방법은 팔라펠과 비슷하다.

(3) 피타(Pitta)

지중해 연안과 중동지역의 독특한 빵으로 직경이 10~15cm 정도로 둥글고 얇으며 반으로 쪼개면 마치 주머니처럼 속에 구멍이 나 있는데, 거기에 샐러드와 고기 등 여러 가지를 넣어서 샌드위치처럼 만들어 먹는다. 같은 피타 종류로서 피타이라키(이라크의 피타)는 직경이 50cm 정도로 훨씬 넓으며 얇은데, 이것을 샌드위치식으로 하고자 할 때는 내용물들을 그대로 돌돌 말아 싸서 먹는다.

(4) 베이글(Begale)

도넛처럼 가운데에 구멍이 있는 모양이나, 타원형으로 길게 늘려 만든다. 길가 노점에 쌓아놓고 판매한다. 참깨가 많이 붙어 있어 냄새가 매우 좋다. 크기는 작은 것이 길이가 25cm 정도이고, 큰 것은 70cm 정도인 것도 있으며, 이 빵을 살 경우 신문지에 향료(자아타)도 함께 싸서 준다.

(5) 하누카라

하누카라는 명절에 먹는 달콤한 도넛으로 유월절 때만 빼고 다른 명절에는 달콤한 빵을 먹는데, 부드러운 맛이 특징이다.

■ 키부츠

'키부츠'란 히브리어로 '집단'을 의미한다. 키부츠는 이스라엘의 집단농경 생활공동체로 키부츠의 구성원은 개인 재산이 없고, 토지는 국가소유이다. 주택은 부부단위로 나눠주고, 식사는 공동식당에서 한다. 아이들은 18세가 될 때까지 부모와 떨어져서 집단교육을 받으며 집단농장 키부츠, 수공업, 경공업 키부츠, 기계부품 키부츠 등 종류가 다양하다. 가입·탈퇴는 자유롭다.

인도 대륙으로 통하는 관문

아시아 남부, 아라비아해 연안

수도	이슬라마바드
언어	우르두어, 영어
기후	아열대기후로 고온건조
종교	회교(국교) 97%(수니파 77%, 시아파 20%), 힌두교, 기독교 등
대표음식	카라이, 짜파티, 스위츠

1

2

파키스탄의 시장풍경과 음식 : **1-2**. 로티 탄두리, **3**. 머튼커리, **4**. 머튼리브, **5-6**. 시크밥, **7-8**. 치킨티카, **9**. 다양한 디저트

1. 파키스탄의 식문화

이슬람교를 믿는 파키스탄에서는 돼지를 '생각하지도 말고, 기르지도 말라'는 알라의 계시를 충실히 따라 돼지고기를 먹지 않는다. 코란에 다음 구절이 나온다. '알라께서 너희에게 금지하는 것은 이것들 뿐이다. 썩은 고기, 피, 그리고 돼지고기' 유태인들도 마찬가지이다. 구약성서 창세기와 레위기에는 신의 말씀으로 '돼지는 불결한 동물이기 때문에 이를 먹거나 손을 대면 부정하게 된다'고 경고하고 있다. 지금의 이스라엘과 이슬람교 국가들은 이 점에 있어서는 일체감을 보이고 있다.

2. 파키스탄의 음식

1) 파키스탄 음식의 특징

파키스탄의 음식은 북인도의 음식과 비슷하며 거기에 더하여 중동의 영향이 조금 가미되었다. 다시 말해 식단이 굽거나 튀겨낸 빵(로티, 짜파티, 푸리, 할와, 난 등), 고기가 들어간 카레, 콩으로 만든 죽(달), 시금치, 양배추, 콩, 밥 등으로 이루어진다.

사모사와 티카(양념 바비큐한 쇠고기, 닭고기, 양고기 등의 요리) 등 거리의 음식들은 맛이 좋으며 다양한 종류의 디저트는 단 음식을 좋아하는 사람들을 만족시켜 준다. 가장 흔한 단 음식은 바피로 건조우유 덩어리로 만드는데 다양한 맛을 맛볼 수 있다. 파키스탄은 공식적으로는 '금주'를 표명하나 이 나라만의 맥주와 술을 생산한다. 최상급 호텔과 특별히 지정된 바에서 수입주류들과 함께 구입할 수 있다.

파키스탄의 음식은 돼지고기를 쓰지 않는 것이 특징이며 인도로부터 분리된 국가인 만큼 인도 음식과 흡사한 종(커리, 난, 치킨티카)이 많고 밥을 오른손으로 주먹밥처럼 뭉쳐가며 먹는 것도 재미있다. 파키스탄의 대표적인 음식도 인도와 인접해 있어 커리이다. 12가지의 향신료를 넣고 만든 소스는 국내에서 맛볼 수 있는 카레와는 다르다. 우선 소스의 색깔도 노란색이 아닌 불그스름한 색이며, 채소가 많이 들어간 한국식 카레와는 달리 양고기, 닭고기 등을 넣어 걸쭉한 것이 스튜에 가깝다.

대표적인 커리요리는 머튼 까리(까라이라고도 부른다), 양고기를 이용한 까리로 처음 맛보는 사람은 짙은 향신료와 양고기 냄새가 다소 안 맞을 수도 있다. 우리 입맛에 가장 무난한 음식은 치킨티카, 닭에서 뼈를 추려낸 뒤 탄두리라 불리는 파카스탄 오븐에서 적당히 구어낸 일종의 바비큐, 야들야들한 살코기 맛이 좋다. 피자판처럼 둥그런 모양의 로티 탄두리는 대표적인 파키스탄 빵으로 구수하면서도 바삭바삭한 게 우리 입맛에도 무리가 없다.

2) 파키스탄 음식의 종류

대표적인 음식으로는 다음과 같은 것들이 있다.

① 시크밥(Seekh Kabab)
② 머튼리브(Mutton Rib)
③ 로티 탄두리(Roti Tandoori)
④ 로그니 난(Roghani Nan)

이 밖에도 빵이나 카레 등을 이용하여 만든 다양한 음식들이 있다.

이라크

전쟁으로 상처 입은 고대문명

아라비아 반도 북동부

수도	바그다드
언어	아랍어
기후	사막기후(북부 산악 지역은 상대적으로 추움.)
종교	이슬람교 97%(시아파 60%, 아랍계 수니파 20%, 쿠르드계 수니파 15%, 기타), 기독교 등 기타 3%
대표음식	첼로, 타헤친, 마스코프

이라크의 풍경과 음식

1. 이라크의 식문화

서남아시아 아라비아 반도와 페르시아만 접경에 있는 나라, 우리에게는 천일야화의 고장으로 잘 알려진 이라크 공화국(Republic of Iraq)은 4대 문명의 발상지인 '강 사이의 땅(Land of two Rivers)'이라는 의미의 메소포타미아 평야를 끼고 유프라테스강과 티그리스강이 국토의 중심을 흐르고 있다.

주민의 절대다수를 차지하는 아랍인과 소수민족 간의 인종분쟁과 이슬람교 각 종파 간의 종교분쟁이 잦다. 이슬람 계율에는 돼지고기와 술을 금하고 있는데, 특수한 경우를 제외하고는 고기를 거의 먹지 않는다.

2. 이라크의 음식

1) 이라크 음식의 특징

주식은 빵과 쌀이며 고기는 주로 양고기와 생선류를 먹는다. 대표적인 과일로는 토마토, 키위, 오렌지, 수박, 멜론이 있다. 이라크는 주로 동물을 부분 요리해 먹는 것이 발달하였다. 콩팥이나 뇌, 눈, 귀, 간을 포함한 모든 요리를 먹는다. 양념은 주로 양파와 마늘이다. 밥과 함께 스튜를 먹는 경우가 많다.

특별한 축제에는 양고기를 먹는다. 음료는 커피를 마신다. 끓이고 식히고 하는 과정을 9번이나 반복하는 까다로운 과정을 거친 차를 식사 전후에 마신다. 얼음물도 인기이며 서양의 각종 음료가 들어와 있지만 알코올이 들어간 것은 먹지 않는다.

디저트요리인 마모니아(Mamonia)는 9세기 때부터 전래된 것으로 물에 설탕과 레몬즙, 버터 푸딩의 원료인 거친 밀가루를 잘 배합해 만든 것인데 크림으로 위를 덮고 계피를 뿌려 각각의 그릇에 담아 먹는다.

2) 이라크 음식의 종류

(1) 첼로

쌀로만 만든 밥을 말한다. 첼로를 기본으로 폴로라는 것은 첨가하는 재료에 따라 다르다. 하비츠 폴로는 당근밥, 캬두 폴로는 호박밥, 모르그 폴로는 닭고기밥 등등이 있다.

(2) 타헤친

쌀과 고기 등의 재료를 요구르트와 섞은 것이다.

(3) 마스코프

생선구이 요리로 잉어를 굽기 전에 간단히 올리브오일이나 소금, 터메릭 파우더, 타마린드로 양념하여 장작불에 2시간 정도 은근하게 굽는다.

레바논

십자군전쟁의 쟁탈지

중동, 지중해 연안, 이스라엘과 시리아 사이

수도	베이루트
언어	아랍어, 프랑스어, 영어, 아르메니아어
기후	지중해성 기후
종교	이슬람(54%), 기독교(40.5%), 기타(5%)
대표음식	후무스, 메제

레바논의 시장풍경과 음식 : 1-3. 쿠브즈, 4-5. 마누쉐, 6-7. 메제, 8. 타불리, 9. 와락이납, 10. 카비스, 11. 키베

1. 레바논의 식문화

레바논의 정식 명칭은 레바논 공화국(Republic of Lebanon)으로, 해안선의 길이는 225km이다. 기후는 여름에 고온건조하고 겨울에 온난다습한 지중해성 기후를 가지고 있으며, 인구의 94%는 아랍인이고 아르메니아인이 4%이다. 주요 산업은 농업, 상업, 금융업 등이며, 2차산업 중에는 정유업이 주종을 이루고 있다.

지중해 연안에 위치한 중동 국가로, 오랫동안 아시아와 서양을 잇는 교역의 중심지로 활약하면서 자연스럽게 동서양의 문화가 융합된 나라이다. 온화한 자연환경으로 인해 식재료가 풍부하며, 오스만 투르크 제국과 프랑스의 통치로 다양한 문화가 더해졌다.

세계화의 물결 속에서도 전통 식문화를 고수하고 있으며, 일반적으로는 돼지고기를 먹지 않는다. 특히 재료 본연의 맛과 영양을 살리는 조리법이 발달되어 있다.

2. 레바논의 음식

1) 레바논 음식의 특징

레바논은 좋은 토양과 기후 등 다양한 자연환경이 구현되므로 풍부한 농작물을 얻을 수 있으므로 음식문화가 발전할 수밖에 없다.

레바논의 요리는 채소, 과일, 샐러드, 그리고 수프 종류가 많고 다양한 향신료를 곁들여 만들어서 요리가 다채롭다.

지중해 연안의 다른 국가들이 취하고 있는 것처럼 레바논도 과일이나 채소, 해물, 생선 등을 많이 먹으며, 육류는 그다지 많이 먹지 않는다. 가금류, 특히 양고기를 많이 먹는다. 마늘이나 올리브유를 많이 사용하며 레몬주스로 양념하기도 한다. 버터나 크림 종류의 첨가제는 거의 쓰지 않는다. 채소의 경우에는 샐러드로 먹기도 하고 조리해서 살짝 데쳐 먹기도 한다. 신선한 재료들을 돋보이게 해주는 허브나 약초를 쓰기 때문에 지중해식 식단답게 입맛을 돋우게 하며 많은 향을 첨가하기보다는 자연 그대로의 맛을 고수하는 전통방식을 선호한다.

레바논의 대표적인 요리로 마자(Maza)라고 하는 것이 있는데, 다양한 애피타이저 요리를 모아 놓은 것으로 메제(Mezze)라고도 한다.

2) 레바논 음식의 종류

(1) 카비스

겨울에는 눈이 많이 와서 이동이 어려우므로 겨울을 대비하여 각종 음식을 절이는 풍습이 있으며, 카비스는 대표적인 절임음식이다. 올리브 장아찌와 가지 장아찌를 담는 과정을 보면 우리나라의 '김치'나 '장아찌'를 연상할 수 있다.

(2) 쿠브즈

반죽한 통밀을 얇게 펴서 솥뚜껑 위에서 구워 만든 빵으로서 누룩을 넣지 않고 물로 구워 단백한 맛이 난다. 쿠브즈는 레바논뿐 아니라 중동지역 대부분의 주식으로 이용된다.

(3) 마누쉐

반죽을 조금 두껍게 하여 만든 레바논식 피자이다.

(4) 할와야트

레바논 사람들이 즐겨 먹는 후식으로 맛과 종류에 있어서 다양하다.

■ 레바논 바블로스

지속적으로 사람이 거주한 가장 오래된 고대도시 중 하나이다.

개방적이고 온건한 이슬람 국가

중동, 사우디아라비아의 북서쪽, 이스라엘과 이란의 사이

수도	암만
언어	아랍어
기후	반건조한 지중해성 기후
종교	이슬람교(수니파) 92%, 기독교 6%, 기타 드루즈 및 시아파 2%
대표음식	후무스, 파투쉬 샐러드, 무사한

요르단

요르단의 시장풍경과 음식 : **1**. 만사프, **2**. 마클루바, **3**. 크니파, **4**. 무타발, **5**. 후무스

1. 요르단의 식문화

아라비아 반도 북부에 위치한 요르단은 북쪽으로 시리아, 북동쪽으로 이라크, 동쪽과 남쪽에 사우디아라비아, 서쪽으로 이스라엘과 접해 있다.

요르단의 음식문화는 인접한 이라크, 시리아, 레바논과 거의 비슷하다.

요르단인들은 이방인을 집으로 환대하는 것에 익숙하다. 이러한 문화는 사막지대에 사는 주민들에게는 일반적인 것이다. 이러한 전통은 사막생활의 황량함에서 비롯된 것으로 보인다. 음식과 물, 보금자리가 제공되지 않고는 사막을 여행하는 사람이 살 수 없기 때문이다. 요르단 어디를 가든지 '환영한다'는 말을 자주 듣게 되고, 집으로 초대되어 음식이나 차 등을 대접받는다.

맛있는 음식을 넉넉하게 만드는 게 아랍인들의 인심이듯 넉넉함이 엿보이는 요르단의 음식문화를 가지고 있다.

음식을 여러 차례 권하는 한국인의 식사예법과 비슷하다. 식사가 끝나면 차가 나오고 과일이 나온 후 커피를 마시면 대충 식사는 끝난다.

한국은 쌀밥이 진득하게 서로 알갱이가 붙어 있는데 요르단의 밥은 일부러 알갱이 하나하나를 서로 분리시키는 조리법을 갖고 있다. 아울러 올리브오일을 뿌리거나 소금을 약간 넣어 맛이 있다.

요르단인들은 외식할 때 보통 전채에 이어 주 식사를 여러 사람이 나누어 먹는 단체 식사를 한다. 아랍의 누룩을 넣지 않은 빵인 '코브즈'는 거의 항상 식사에 등장한다.

다른 기본 식사로는 '펠라펠'(기름에 튀긴 병아리콩 요리), '슈와르마'(얇게 썰어 꼬챙이로 구운 양고기), '풀'(잠두, 마늘, 레몬으로 만든 반죽) 등이 있다. '멘사프'는 베두인의 별미로 머리를 포함한 새끼 양 전체를 쌀, 송과와 함께 요리한다.

요르단의 요리는 기본적으로 유목민적 음식과 이것이 개량된 음식으로 나눌 수 있다. 요르단 곳곳에는 수도권이나 일반 음식점에서 맛보기 힘든 '향토요리'가 있다.

2. 요르단의 음식

1) 요르단 음식의 특징

대표적인 요르단 음식은 '만사프'로, 요구르트로 만든 소스에 쌀을 넣어 만든 양고기 스튜이다. 만사프에 반드시 들어가는 '키스크' 소스는 요구르트에 소금을 넣어 만든다.

평소 요르단인이 먹는 음식으로는 누룩을 넣지 않고 구워낸 아랍식 빵 코브즈, 양고기를 얇게 썰어 꼬챙이로 굽는 슈와르마, 기름에 튀긴 병아리콩 펠라펠, 레몬, 마늘 잠두로 만든 반죽인 푸울 등이 있다.

2) 요르단 음식의 종류

(1) 반찬

일반 음식점에서 요리를 주문할 때 같이 나오는 향신료와 반찬거리들을 소개하면 다음과 같다. 거리 곳곳에 있는 음식점에서 쉽게 접하게 되는 음식과 반찬 종류들이다. 많은 경우 이집트의 음식들과 같거나 비슷하다.

- **토르시(채소 절임)** : 소금에 절인 양파, 오이, 기다란 피망(서양 고추), 당근, 순무, 레몬 등을 식초에 절인 것이다. 짭짤한 맛의 '가지 절임'도 토르시에 해당한다. 그러나 토르시의 중심은 역시 오이 절임이다. 피자 등을 먹을 때 한국에서도 맛보는 오이 피클은 바로 토르시의 한 종류이다.
- **타히나(참깨 페이스트)** : 참깨를 아주 곱게 간 것에 식물성 기름, 다진마늘, 레몬을 함께 섞어 놓은 중동의 일반적인 양념장의 하나이다. 우리 입맛에 맞는 음식으로 고소한 맛이 일품이다.
- **후무스(어린콩 페이스트)** : 겉모양은 타히나와 비슷하지만 맛이 다르다. 카이로보다 알렉산드리아 지역에서 많이 보인다.
- **자이뚜운** : 올리브 열매를 절인 것으로 푸른색과 검은색의 두 종류가 있다. 건강식으로 좋다고 전해지는데 그것은 사람의 염색채 수와 같은 식물이기 때문이라고 한다. 그러나 우리 입맛에 잘 맞는 것은 아니기에 굳은 결심을 해야 먹을 수 있다.
- **깁나(치즈)** : 이집트 치즈(깁나)의 종류는 다양하며 유럽식 치즈도 많다. 염분이 많아

빵에 곁들여 먹는 게 좋다.

(2) 주식

- **쿱즈(빵)** : 빵을 나타내는 쿱즈에는 여러 가지 종류가 있다. 이집트에서 일반적인 빵의 형태가 에이쉬였다면 요르단의 빵은 그 모양이나 맛에 있어서 차이가 난다. 유목민의 빵 만드는 방법이 그대로 활용되는데 아주 넓고 얇은 빵이 요르단의 에이쉬이다. 작은 크기는 요르단의 샤와루마인을 만드는 데 사용된다.

- **푸울** : 말린 콩을 오랫동안 푹 끓여서 만든 요리로, 식물성 단백질이 많이 들어 있으므로 영양가가 높다. 식물성 기름을 넣고 소금, 샷타(고추 또는 후춧가루), 레몬즙을 섞고, 포크로 잘게 부수어서 쿱즈 발라디야를 조금씩 떼어 찍어 먹는다. 생양파를 곁들여 먹으면 좋다. 푸울에는 위의 일반적인 것 외에도 여러 가지 종류가 있다.

- **펠라펠** : 이집트에서 따아미야라고 부르는 것으로 크기가 큰 것이 특징이다. 콩을 으깬 것, 쓴 나물, 양파 등을 함께 갈은 것에 향신료를 넣은 다음 고로케를 만들듯이 뭉쳐서 기름에 튀긴 것이다.

- **샤와루마인** : 넓고 얇은 빵에 양고기나 닭고기를 구운 것을 얇게 썰어 넣은 것으로, 스파이스나 우유에 담근 얇게 썬 고기를 여러 겹으로 포개어 큰 덩어리로 만들어서 불에 굽는다. 이렇게 만들어진 요리를 손님이 주문하게 되면 칼로 얇게 썰어 준다. 대부분의 음식점 앞에 눈에 띄도록 샤와루마인 스탠드가 있어서 바로 알 수 있다. 토마토로 맛을 내어서 맛있으며, 특히 타히나가 들어가면 최고이다.

- **라흐마(고기요리)** : 이슬람 국가인 요르단에서는 종교적인 이유로 돼지고기는 외국인밖에 먹지 않는다. 그 대용으로 소, 양, 닭은 물론이고, 낙타, 비둘기, 집오리, 토끼 등을 먹는다. 소고기와 양고기는 목요일이면 시장에 더 많이 나돌게 되는데, 푸줏간 처마 밑에 가죽, 머리, 내장이 없는 상태로 매달려 있는 것이 양고기이다. 목요일과 이슬람 축제 때는 이들의 명절이기 때문에 대형 푸줏간은 성황을 이루게 되어 수십 마리의 고기가 가게 안에 가득히 매달리게 된다. 낮에는 금식하기에 밤에는 포식하는 풍습이 있다.

- **하맘(비둘기고기)** : 뼈를 발라내면 매우 적은 양이다. 하맘요리는 반 마리, 한 마리 분

량을 구워서 파는데, 한국의 참새구이를 떠올리게 된다. 보통 '하맘 마슈위'로 부른다.

- **코샤리** : 쌀밥, 마카로니, 스파게티, 콩과 약간의 향신료를 섞은 후 토마토소스를 뿌려서 먹는 요르단을 포함한 중동의 별미 요리이다. 여기에 입맛을 살리려면 식초와 소금 등을 약간 덧뿌리면 된다. 코샤리 식당의 식탁에는 토마토소스와 식초, 소금 등의 양념통이 놓여 있다. 우리나라 사람들의 입맛에도 맞는 음식이다.

마카로나 : 마카로니 요리로, 달걀의 노른자를 두껍게 굳힌 것이다.

- **라반** : 우유의 한 종류로 흰색의 빛을 띠며, 고소하고 진한 맛이 나는 것이 독특하다.

(3) 후식

- **과자** : 과자는 보통 매우 단 것이 특색인데 '힐와'라고 부른다.
- **음료** : 대표적인 음료는 차(샤이)와 커피(까흐와)이다.
- **샤이** : 보통 홍차를 말한다. 뜨겁게 마시며, 설탕을 진하게 타서 마신다.
- **까흐와** : 일반적인 찻집에서 제공하는 커피는 작은 컵에 담아 제공하는데, 진한 향기가 좋다. 물론 많은 설탕을 타서 마신다.
- **아씨이르** : 계절에 맞추어서 다양한 종류의 과일주스가 가게에서 제공된다. 즉석에서 즙을 짜서 제공하는 오렌지주스는 아주 달콤하고, 입맛을 돋운다. 이집트에 비하면 과일주스 형편은 좋지 못하며, 인공 감미료가 첨부된 음료들이 더 많이 팔린다.

■ 페트라 – 사막의 피어난 붉은장미

세계 7대 불가사의의 하나로 1812년 스위스의 탐험가가 찾아낸 요르단의 고대도시이다. 요르단의 국보 1호로서 나바테아인(Nabataean)이 건설한 사막에 있는 대상도시이다. 놀라운 사실은 페트라의 건물들은 큰 바위산을 쪼개어 조각하여 만들었다는 것이다. 사막의 피어난 붉은장미라고도 한다.

좁은 통로와 수많은 협곡이 있는 산으로 둘러싸여 있다. 나바테아의 수도였던 페트라는 홍해와 흑해 사이에 있으며, 헬레니즘과 로마 시대에는 아라비아의 향료와 중국의 비단, 인도의 향신료를 거래하는 대상들의 중심지였다. 독창적인 수로 체계를 갖추고 있어 건조한 이 지역에서 사람들이 대규모로 정착할 수 있었으며, 세계에서 가장 풍부하고 드넓은 고고학의 유적지이다. 요르단에서 단 하루의 시간이 허락된다면 페트라에서 지내야 한다는 말이 있을 정도로 아름다운 경관을 자랑한다.

■ 자르브(전통 사막음식)

구덩이를 파서 재를 채우고 고기와 채소, 향신료 등을 넣은 다음 뚜껑을 닫고 모포를 덮어 오래 조리하여 깊은 풍미가 있는 요리이다.

■ 사막의 텐트

긴 여정으로 사막을 지날 때 사막에 텐트를 펼쳐 불을 피워두고 물담배를 피우며, 차를 마시며 쉬어가는 장소로 사용한다.

■ 후무스

병아리콩을 갈아 만든 요리로 중동지역에서는 가난한 사람도, 부자인 사람도 모두가 먹는 음식이다. 중요한 식물성 단백질의 공급원이기도 하다.

나일강의 선물

아프리카 대륙 북동부

수도	카이로
언어	아랍어
기후	아열대성 사막기후
종교	수니파 이슬람교(90%), 콥트교(9%), 기타(1%)
대표음식	쿠샤리, 따메이야, 하맘, 카르카테

이집트의 시장풍경과 음식 : **1.** 따메이야, **2.** 하맘, **3.** 아이쉬, **4.** 쿠샤리

1. 이집트의 식문화

지구 반대편에 떨어져 있는 나라. 이집트에는 거주하는 사람들의 대부분은 아랍계이지만 베두인족, 터키인, 그리스, 시리아인, 유럽인들도 함께 살고 있다. 거듭된 정복과 지배의 역사를 통해 유입된 외래문화가 기존의 문화와 미묘하게 섞여 있으며, 고대 이집트의 식탁을 장식했던 음식들은 고대 자료에서 찾아볼 수 있는데 페스트리, 커피 등에서는 아랍문화, 그리고 한편으로는 그리스와 로마의 문화, 거기에 이슬람 문화까지 음식문화에 뒤섞여 있다. 문화의 다양성이 느껴지는 곳이 바로 이집트이다.

이집트는 상류와 서민층의 구별이 확연하다. 상류층 이집트인들은 세계주의적인 라이프스타일의 삶과 음식을 즐기는 반면, 서민들은 옛날식 콩과 곡류를 주로 이용하고 빵과 탈지유로 만든 미시(Mish)라고 불리는 치즈로 식사를 한다. 상류층은 채소 중심의 식사로 채소와 과일을 풍부하게 먹고 일주일에 한 번은 꼭 육류를 먹지만, 빈민층은 특별한 날에나 고기를 먹을 수 있다. 상류층은 부풀린 빵, 하류층은 부풀리지 않은 옥수수빵과 야생 채소, 최소한의 과일을 먹는다.

계층에 관계없이 진한 향신료를 많이 쓰며 참깨, 마늘, 양파 등의 자극적인 맛도 좋아한다. 대부분의 이집트인은 다양한 방법으로 맛있게 만든 콩 요리, 맵고 자극적인 조미료의 적절한 사용, 진한 커피, 달콤한 음료 등을 선호한다. 요리의 맨 마지막 부분에는 항상 과일이 나온다는 것이 특징이다.

2. 이집트의 음식

1) 이집트 음식의 특징

이집트의 주식은 밀가루 반죽으로 만들어진 납작한 빵이고, 프랑스식 바게트도 많이 먹는다. 샐러드는 주로 푸른 채소나 토마토, 감자, 콩, 달걀, 요구르트 등으로 만들어진다. 대표적인 음식으로는 양고기를 바비큐로 한 카바브, 비둘기의 배에 쌀을 넣고 쪄서 구운 하맘 피르 타켄, 닭고기에 향신료를 넣고 삶은 물루키야가 있다. 대부분의 이집트인들에게 고기는 사치스러운 것으로 여기기 때문에 소량만 쓰이고, 채소와 함께 조리되고 밥과 곁들여서 먹기도 한다.

다른 이집트 요리로는 '토르시(Torly)'를 들 수 있는데 채소를 뒤섞어 찌거나 끓인 요리로서 양고기나 소고기, 양파, 감자, 콩 등을 함께 넣어 만든 요리이다. 이집트 스타일의 케밥을 만들려면 양고기 덩어리, 양파, 마저럼(박하류의 요리용 양념), 레몬주스를 첨가하여 꼬챙이에 끼우고 구우면 된다. 석쇠에 구운 닭고기요리도 레스토랑에서 즐길 수 있다.

2) 이집트 음식의 종류

(1) 쿠샤리(Kushari)

이집트의 가장 대표적인 음식으로, 마카로니에 쌀, 양파와 마늘, 콩을 함께 넣어서 먹는다. 기호에 따라 다양한 방식으로 맛을 낼 수 있으며, 가격이 저렴하다는 장점이 있다.

(2) 따메이야(Tameyiya)

콩을 둥글게 튀겨 만든 음식으로, 도넛과 비슷한 모양이며 영양분이 풍부하므로 건강에 좋다.

(3) 토르시(Torcy)

오이, 당근, 양배추 등을 기호에 맞게 절여 먹는 음식으로 새콤한 맛이 일품이다.

(4) 하맘(Hamam)

무더운 날씨를 이겨내기 위해 먹는 일종의 원기회복 음식이다. 비둘기, 닭 등을 이용해 삼계탕처럼 밥을 넣어 쪄 먹는 음식이다.

(5) 카르카테(Karksdeh)

이집트 전통음료. 열대지방에서 자라는 무궁화과 식물인 히비스커스의 꽃잎을 물에 우려낸 후 설탕을 타서 시원하게 마신다.

■ 쿠푸왕 피라미드, 스핑크스

■ 나일강, 룩소르펠루카

페르시아의 영광을 간직한 나라

중동 페르시아만 동부, 카스피해 남부

수도	테헤란
언어	페르시아어
기후	대륙성 기후(4계절) / 카스피해 연안은 지중해성, 페르시안만 연안은 아열대성
종교	이슬람교 98%(시아파 89%, 수니파 9%), 기타 2% (조로아스터교, 유대교, 기독교 등)
대표음식	캬법, 코레쉬, 업구쉬트, 머스트, 할버예 쇠카르, 할버에 호르머

이란의 풍경과 음식

1. 이란의 식문화

이란은 지형에 따라 대륙성 기후, 지중해성 기후, 열대성 기후 등이 혼합되어 나타나고 있다. 이러한 다양한 기후는 여러 가지 종류의 식품원을 제공할 수 있는 자연환경을 조성해 주고 있다. 그 중 밀, 보리, 쌀은 이란의 3대 작물로 손꼽을 수 있으며 '과일의 천국'이라고 할 수 있을 만큼 다양한 과일들이 재배된다. 이란은 중동의 다른 나라들처럼 양을 사육하기에 적합한 자연조건을 갖추고 있으며, 또한 이슬람의 영향으로 신(神)이 가장 좋아하는 양이 주식품원으로 정착하게 되었다.

7세기 이슬람의 도래 이후 이슬람교는 단순한 종교의 차원을 넘어 이란인들의 의식주에까지 강한 영향을 끼쳐 종교가 규제하거나 권장하는 음식과 구체적인 식사규범이 정해져 있다. 이란에서도 서양문화의 도입으로 도시에 있는 햄버거 가게와 피자 가게에는 젊은이들로 넘쳐난다. 하지만 여전히 일반 가정에서는 전통음식을 그대로 고수하고 있는 편이다.

이슬람 율법(Lslamic Code)에서는 특히 남녀의 유별성을 강조한다. 식생활은 유목, 촌락 생활에서 유래한 것이 많으며, 날 것이나 비늘이 없는 해산물(뱀장어, 조개 등)을 먹지 않는다. 돼지고기, 개고기는 금기시되어 있다. 이란인들은 거대한 제국이었던 페르시아에 대한 자긍심을 갖고 있으며 훼르도우시(Ferdowsi), 사디(Sadi), 하페즈(Hafez) 등 뛰어난 시인들의 작품의 시 내용을 일상생활에 되새기며, 이들을 민족적 영웅으로 숭상한다. 이슬람 문명과 이슬람 혁명에 따른 문화, 사회생활은 1997년 8월 카타미(Khatami) 신정부의 '문명 간 대화'를 통한 개혁, 개방정책에 따라 개방화가 계속되고 있다.

2. 이란의 음식

1) 이란 음식의 종류

(1) 주식

이란의 주식은 밥과 빵인데, 이란인들이 즐겨 먹는 쌀은 안남미로 푸슬푸슬한 느낌을 준다. 안남미로 만든 밥은 첼로(Celo)와 폴로(Polo) 두 종류가 있는데, 폴로는 서양에서 필라프(Pilaf)로 불리는 밥으로 이것은 안남미와 다른 재료들을 넣어 만든 것이다. 그리고 첼로는 순수하게 쌀로만 만든 밥이다. 첼로에 다른 재료와 조리방법이 응용됨에 따라 폴로의 명칭은 달라진다. 예를 들면 게이씨 폴로(살구밥), 하비즈 폴로(당근밥), 모르그 폴로(닭고기 밥), 쉬린 폴로(단밥) 등이 있다.

이란에도 한국인에겐 정겨운 음식인 누룽지가 있다. 이란인들은 밥을 조리할 때 밑바닥에 쌀을 누렇게 눌린 누룽지를 만들어 귀한 손님에게 대접하는 특별한 관습을 가지고 있다. 또 하나의 주식인 빵은 '넌'이라고 불린다. 넌에는 3가지 종류가 있는데, 너네 라버쉬, 너네 상갸트, 너네 바르바르가 그것이다.

이란의 전통 빵집은 식사시간을 기준으로 한두 시간 전후에 즉석으로 빵을 구워 팔기 때문에, 아침 일찍부터 빵을 사기 위해 줄지어 기다리고 있는 사람을 쉽게 찾아볼 수 있다. 특히 너네 라버쉬는 밀가루를 2~3mm 정도로 얇게 반죽하여 전통 오븐에 구워낸 즉석빵으로 이란인들이 가장 즐겨 먹는 빵이다.

(2) 부식

- **캬밥** : 캬밥은 꼬치에 끼워 구운 고기를 의미하며, 중동지방에서는 잘 알려진 음식이다. 이란에서는 주로 첼로캬밥, 주제캬밥, 머히캬밥을 즐겨 먹는다. 첼로캬밥은 양고기를 다져서 요리한 쿠비데와 양고기를 얇게 베어 구운 바르그가 있다. 양고기에 다진 양파와 소금, 후추로 간을 맞추어 구운 쿠비데는 바르그에 비해 양고기 냄새가 덜 나기 때문에 외국인들에게도 인기가 있는 음식이다. 첼로캬밥은 뜨거운 첼로 안에 버터와 날달걀을 넣어 잘 혼합한 후 토마토와 함께 먹는 음식이며, 주제캬밥은 닭고기를 꼬치에 끼워 굽는 요리로 우리나라의 닭꼬치를 연상하게 한다. 주제캬밥 역시 첼로캬밥만큼 이란인들이 즐겨 먹는 대중음식이다. 그리고 머히캬밥은(머히=

생선) 생선을 통째로 굽거나 토막을 내서 꼬치에 끼워 구운 음식이다. 대개 해안지방에서 발달된 캬밥으로 테헤란보다는 바다나 강에 가까운 지역에서 보다 보편화된 음식이다.

- **코레쉬**(Khoresh) : 코레쉬는 첼로 위에 얹어 비벼먹는 스튜로 계절에 따라 생산되는 재료를 넣고 만들면 30여 종에 이르는 다양한 음식을 만들 수 있다. 봄에는 리버스, 가지, 시금치, 버섯과 고기(양, 닭)를 넣어 요리하고, 여름에는 복숭아, 신 체리, 콩과 고기를 주재료로 하고, 가을에는 모과, 호박, 신 사과와 고기를 사용하여 요리하고, 겨울에는 마른 콩과 고기로 요리를 한다. 따라서 코레쉬는 어느 음식보다 계절적인 색깔을 강하게 띠고 있다. 또한 가정마다 조리법에 있어서 다르기 때문에 어머니가 딸에게 집안의 독창적인 맛을 전수하고 있다.

- **업구쉬트**(Abgusht) : 업구쉬트는 '물과 고기'의 합성어로 이란의 전통음식 중 하나이다. 특히 손님을 초대하는 것을 좋아하고 극진히 대접하는 이란 사람들에게는 손님에게 대접하는 대표적인 음식이다. 업구쉬트는 양고기 덩어리와 감자, 당근 등에 채소를 넣고 끓이는데 약불에 얼마나 끓이느냐에 따라 그 맛이 달라진다. 말린 신 레몬가루를 향신료로 사용하기 때문에 약간 신맛이 나는 것이 특징이다. 이 음식은 신선한 채소와 빵, 그리고 토루쉬와 같이 먹는데, 토루쉬는 반찬으로 우리나라의 김치에 해당한다. 재료의 종류에 따라 버뎀준(가지) 업구쉬트, 베흐(모과) 업구쉬트, 걈돔(밀) 업구쉬트, 나아너에 자아화리(박하향 채소) 업구쉬트 등 다양한 종류의 업구쉬트가 있다.

- **머스트** : 머스트는 우리도 즐겨 먹는 요구르트와 같은 발효 유제품이다. 이것은 에너지원이 되는 건강식품으로 이란 사람들은 거의 매일 먹는다. 때로는 후식이 되기도 하는데, 여기에 향신료, 소금, 후추 등을 넣어 샐러드 드레싱으로 쓰기도 한다. 또한 머스트에 물, 소금, 박하 향신료를 넣어 희석시켜 '두그'라고 불리는 음료수를 만들어 먹기도 하는데, '두그'는 쉽게 음료수를 구할 수 없었던 예전의 베두인들에게는 소금과 같은 역할을 했다고 한다.

(3) 후식

이란인들은 단맛을 좋아하는 민족이다. 이러한 식습관으로 인해 단 과자, 단 사탕, 단 케이크가 매우 발달되었다. 쉬리니(단 것)는 우리나라 사람들의 입맛에는 지나치게 달게 느껴질 수도 있지만 맛이 있다. 쉬리니는 이란의 지방마다 특성을 가지고 있어서, 한마디로 '지방 특산물'과 같은 것이며 각각의 맛과 색깔이 다르다. 이란 동부의 야즈드지방은 버그라버, 코탑, 파쉬마크가, 테헤란의 서부에 있는 하메던지방은 코르체, 이란 중부의 이스파한지방은 갸즈라는 당과류로 대표되고 있다.

- **할버예 쇠카르**(Halvaye Shekar) : 밀가루 혹은 쌀가루를 약불에 볶은 다음 노란빛을 내는 향신료인 자아화런으로 색을 내고 오일과 섞은 후 녹인 설탕물과 장미수를 넣어 다시 약불에 볶는 음식이다. 신생아의 건강을 기원하거나 추도식날 저녁식사에 차려지게 되는 역사적 배경을 가지고 있는 음식이다.

- **할버예 호르머**(Halvaye Khorma) : 할버예 호르머는 장례식과 라마단과 모흐람월의 종교적 기념일에 가난한 사람들에게 대접했던 것으로 오늘날에도 즐거운 날보다는 슬픔을 달래는 행사일에 먹는 음식이다. 조리방법은 할버예 쇠카르를 만들 때 넣는 설탕 대신 호르머가루를 넣는다.

■ **'카펫'의 어원**

카펫이란 말은 라틴어로 '털을 빗질하다'라는 뜻을 가지고 있는 '카피타'에서 유래되었으며, 중국어로는 '탄자'라고도 한다. 한올씩 손으로 짜는 전통방식으로 만드는데 카펫 한 장을 만드는 데 몇 개월에서 길게는 10년까지도 걸린다. 카펫은 유목민들의 중요한 생필품으로 천막의 바닥이나 말안장으로 사용되었다. 타브리즈지역에서 생산되는 카펫이 유명하다.

■ **타브리즈**

이란, 터키, 아르메니아를 이어주는 교통의 요지로 '카펫'의 도시로 불리운다.

■ 테헤란 바자르

테헤란 남부에 위치하고 있으며, 하루에도 수십만 명이 오가는 중요한 상권을 형성하고 있다. 고대 페르시아가 동서양을 잇는 대규모 무역의 중심지였던 것처럼 아직도 중동지방에서 가장 큰 바자르로서의 명성을 이어가고 있으며 카펫, 귀금속, 향신료, 문구류를 비롯해 기념품, 목공예품 등 모든 제품을 총망라해 판매하고 있다.

■ 바자르

우리나라의 재래식 시장과 같은 전통시장을 일컫는 말이다.

교통과 관광의 중심지

중동, 지중해 연안

수도	다마스쿠스
언어	아랍어
기후	지중해성 기후(해안평야), 내륙성 기후(산악지대), 사막성 기후(남쪽)
종교	이슬람교 87%(순니 72%, 시아, 알라위, 이스마일 13%), 기독교 10%, 드루즈교 3%
대표음식	팔테, 야란지, 쿠파아 마흐쉬이

시리아의 풍경과 음식

■ 다마스쿠스

서아시아 끝 지중해 연안에 자리잡고 있으며, 서쪽으로는 지중해를 끼고 터키, 레바논, 요르단, 이스라엘과 국경을 맞대고 있어 아시아, 유럽, 아프리카를 잇는 교통과 관광의 중심도시이다. 시리아의 수도이기도 한 다마스쿠스는 오아시스의 도시로 사막을 오가는 상인들이 쉬거나 장사를 하였던 여관이나 시장이 옛시가지에 그대로 보존되어 있다.

■ 우메야드 모스크

이슬람을 대표하는 성지 중 하나. 여행객들에게는 쉼의 장소로 사용되기도 하는데, 뛰어난 아라베스크 건축양식을 감상할 수 있다.

■ 아칸서스나무

아칸서스는 지중해 유역에서 자라는 가시잎 나무로, 고대 그리스시대 건축물의 장식에 그림으로 즐겨 사용하였다.

고대 로마가 그리스문화를 그대로 수용하였기 때문에, 로마의 지배를 받던 서아시아 지역의 건축물에도 아칸서스 무늬가 널리 사용되었다. 고대 건축물에서 아칸서스 문양을 쉽게 발견할 수 있게 된 배경은 무함마드의 언행록인 하디스의 가르침에서 신이나 사람, 동물 등 살아 움직이는 것을 그리는 것이 금기시되어, 이 시기에는 나무나 꽃 등 살아 움직이지 않는 것만 그려야 했기 때문이다. 그 영향으로 꽃, 나무, 문자, 도형무늬는 환상적인 아라베스크 문양으로 탄생되어 모스크(이슬람의 예배당)를 한층 화려하게 수놓게 되었다.

■ **팔미라**

　로마와의 전쟁에서 파괴되었던 팔미라는 1089년 대지진으로 인해 땅속에 파묻혀 버렸으나, 전문가들에 의해 발굴에 성공하여 1930년 다시 아름다운 고대도시의 빛을 보게 되었다.

　팔미라는 시리아에서 손꼽히는 아름다운 고대도시로 사막을 오가는 사람들이 머무르는 장소가 되었다. 낙타에 향신료를 싣고 온 상인들은 싣고 온 물건을 이곳에서 풀어 거래를 하였고, 이러한 중계무역으로 경제적 부를 이룰 수 있었다.

■ **알레포**

시리아의 보석(세계 10대 문화유산 중 하나)

■ **베두인의 대추야자**

　인간이 먹고 버린 대추씨를 낙타가 다시 먹고 배설한다. 그러면 그 자리에서 대추씨가 자연발아되어 대추야자가 다시 열린다.

CENTRAL &
SOUTH AMERICA

Community of Latin American and Caribbean States 중남미. 에스파냐와 포르투갈의 영향을 많이 받은 지역으로, 라틴족의 종교인 가톨릭교를 믿고, 라틴족의 문화와 사회제도를 따르며, 라틴족의 언어에 속하는 포르투갈어나 에스파냐어를 주로 사용하고 있다(중남미, 카리브해 국가 공동체 회원국 : 칠레, 쿠바, 에콰도르, 페루, 멕시코, 코스타리카, 볼리비아 등 33개의 나라).

멕시코 • 쿠바 • 브라질 • 칠레 • 페루

멕시코

태양의 땅 메스티소의 나라

북아메리카 남서단

수도	멕시코시티
언어	에스파냐어
기후	고도에 따라 고지대와 저지대로 나뉨. 저지대는 고온다습, 고지대는 온난건조
종교	가톨릭교 89%, 기독교 6%, 기타 5%
대표음식	부리또, 또띠야

멕시코의 풍경과 음식 : **1-2.** 또띠야, **3-5.** 타코, **6-7.** 퀘사디아, **8.** 부리또, **9.** 엔칠라다, **10.** 구와카몰소스와 나초, **11.** 살사소스, **12.** 칠리콘카르네, **13.** 화이타, **14.** 많은 멕시코 요리에 이용하는 부채선인장과의 '노팔'

1. 멕시코의 식문화

정치경제적으로 세계를 움직이는 강대국인 미국과 국경을 접하고 있는 멕시코이지만, 그럼에도 불구하고 미국 영향권에서 벗어나 항상 독립성을 유지하고 있다. 언어나 풍속뿐 아니라 습관, 음식 등 문화 전반에 있어 자신들만의 독특한 색을 갖고 있는데, 이는 오랜 역사를 가진 과거의 강대국, 정복자 스페인의 영향을 크게 받았기 때문이기도 하지만 미국이라는 국가가 생기기 전부터 깊게 뿌리내린 마야·아즈텍 문명의 토대가 있기에 가능했던 것이다.

멕시코 음식은 원주민과 스페인의 음식이 혼합된 형태이며 매콤하고 강한 맛이 특징이다. 콜럼버스가 상륙하기 이전에는 멕시코 원주민의 가장 기본적인 식량이 옥수수였으며, 그 외에 고추, 콩, 호박, 선인장 꽃, 토마토 등과 산짐승의 고기, 생선, 열대과일 등을 이용했다. 스페인이 멕시코를 정복함에 따라 보리, 쌀, 밀, 포도, 올리브, 인도의 향신료 등 새로운 식품을 들여오면서 조리방법이 다양해졌다. 밀을 재배하여 옥수수와 함께 빵을 주식으로 이용하였으며, 포도주와 올리브유의 사용은 식탁을 더욱 풍요롭게 하였다.

역사에 관련된 음식으로는 멕시코인의 주식인 타코가 있다. 옥수수가루로 만든 전병에 고기, 채소 등을 속에 넣어 둘둘 말아먹는 것으로 몹시 매운 것이 특징이다. 매운맛은 멕시코 원산지에서 나는 고추에서 비롯된다. 멕시코인들은 풋고추를 다져서 먹으며 시고 매운 고추김치를 먹고 각종 고추를 써서 만든 사르사(소스)를 요리에 넣어 먹는다.

멕시코 음식에서 빠질 수 없는 것으로 옥수수가 있다. 이것은 그들의 신화와도 관계가 깊다. 마야 신화에 의하면 인간은 옥수수로 만들어졌으며 아즈텍시대에는 옥수수 신을 숭배하기도 했다. 이제는 옥수수 신을 숭배하진 않지만 옥수수 전병인 또띠야를 버리는 것은 여전히 죄악으로 여긴다. 그래서 음식으로 만들고 남은 또띠야는 잘게 튀겨서 콘칩을 만든다.

오늘날 멕시코에서 선보이는 음식은 콜럼버스가 신대륙을 발견하기 이전부터 발달했던 원주민들의 토착문화와 스페인 정복기에 들어온 스페인의 음식문화, 또 스페인으로부터 해방된 후 프랑스 음식 등이 어우러져 탄생됐다.

멕시코는 옥수수, 카카오, 고추, 감자, 고구마, 토마토, 아보카도, 치클레(껌의 원료가 되는 나무), 선인장 등의 원산지로서 세계의 음식문화에 끼친 영향이 지대하다. 특히 옥수수를 주식으로 하기 때문에 멕시코 음식문화를 옥수수문화라고도 한다. 이는 토양이 옥수수 재배에 적합하여 대규모 생산이 가능했기 때문인데 기원전 7천년경부터 옥수수를 재배한 것으로 알려지고 있다.

멕시코에서 사제와 귀족 등 상류계급을 제외한 다수의 피지배계급은 옥수수 위주의 단조로운 음식문화를 전개해 나갔다. 그러다가 16세기 이후 유럽으로부터 유제품, 쇠고기, 닭고기, 밀, 양파 등이 들어오면서 곡물과 채소 중심의 요리에서 육류의 사용이 다채로워졌고, 밀의 경작으로 인해 빵이 옥수수와 함께 주식으로 사용되기 시작했다. 그리고 특히 식용유의 등장과 튀김조리법의 도입은 멕시코 음식문화에 획기적인 변화를 가져왔다.

이렇게 스페인 정복기간 동안 새로운 요리가 무수히 개발되었는데, 여기에는 수녀들의 역할이 지대했다고 전해진다. 즉 매일 사제와 수녀들을 위해서 음식을 준비하는 수도원 주방은 상당한 요리솜씨를 갖고 있었으며, 그녀들의 식재료와 조리법을 통해 새로운 멕시코요리를 탄생시켰다.

2. 멕시코의 음식

1) 멕시코 음식의 특징

다양한 재료와 풍부한 천연자원, 넓은 면적을 이용해 북부지역은 육식, 양고기, 쇠고기를 직접 불에 구워서 먹고 우유를 많이 섭취하는 편이며, 중부지역은 양념된 채소를 삶아서 먹고 닭고기, 돼지고기와 옥수수를 많이 먹는 편이다. 중앙 동부지역은 뿌에블라시를 중심으로 하여 '몰레'의 원산지라고 할 수 있다. 동부 해안가는 해물요리가 풍부하다. 베라크루스는 새우, 조개, 굴, 생선을 이용한 요리들로 유명하고, 마야문명을 꽃피웠던 유카탄 반도에서는 '아시오떼'라는 양념이 유명하다.

(1) 이중적 식생활구조

멕시코에서 잘 알려진 또띠야는 서민들의 주식이다. 거리에는 타코나 또띠야를 파는 간이음식점이 줄지어 있어 언제든지 먹을 수 있으며 식기를 사용하지 않고 손으로 직접 먹는다. 이렇게 먹지 않으면 타코 고유의 맛을 볼 수 없다고 생각한다. 옥수수는 스페인이 지배하기 이전부터 멕시코에서 식용되던 식재료였기 때문에 스페인 통치하에서 피지배계층이 먹는 음식으로 귀족계급에게 무시되던 음식이었다.

이런 풍조가 독립 후에도 계속되어 보수주의자와 자유주의자들 사이에서는 밀가루음식과 옥수수음식의 선호도가 분명히 나타났다. 그러다가 1910년 이후에 시작된 멕시코혁명은 이러한 토속음식을 반전시키는 계기가 되었으며, 전국 각지를 대표하는 타코가 출현했고 멕시코인의 정체성을 확립하는 데 일조를 하게 되어 현재는 전국민에게 사랑받는 음식이 되었다.

(2) 멕시코의 술

멕시코의 음식문화를 말할 때 술을 빼놓을 수 없다. 그 중에서도 1990년대 들어 각광받고 있는 데킬라(Tequila)가 대표적이다. 데킬라 또한 마야족, 아즈텍족에게서 그 뿌리를 찾을 수 있는 전통주다. 마야족이나 아즈텍족은 풀케라는 술을 즐겼는데, 이는 용설란의 일종인 마게이라는 선인장에 구멍을 뚫어 액체를 받아서 하루 놓아두면 자연발효되어 술이 된다.

스페인 정복기에 유럽의 발달된 기술로 만들어진 술이 바로 데킬라다. 데킬라는 8~10년 정도 자란 선인장의 일종인 아가베(Agave)의 밑둥을 잘라 푹 익힌 후에 물을 짜내 발효시켜 만드는 술이다.

(3) 전통음식

멕시코 음식은 유럽(Old World-구 세계)과 아메리카 대륙(New World-신세계)의 특성이 어우러져 독특한 맛을 지닌다. 다양한 음식재료로는 콜롬비아시대 이전에 들어온 토마토, 칠리고추, 터키, 바닐라, 초콜릿, 옥수수가 있으며, 후에 스페인과 프랑스인들에 의해 들어온 유제품, 쇠고기, 닭고기, 밀, 양파, 그리고 마늘이 있다. 멕시코 북부에서 가장 알려진 음식으로는 콩(Beans), 육포, 칠리(Chilies), 그리고 밀로 만들어진 또띠야(Wheat-Flour-Tortillas)가 있다.

옥수수와 함께 멕시코 요리를 말할 때 빼놓을 수 없는 것이 바로 고추인데, 입안이 얼얼할 정도의 작고 빨간 고추에서부터 별로 맵지 않은 피망에 이르기까지 약 200여 종의 다양한 고추가 있다. 각종 소스를 만드는 데 쓰이는 고추는 요리 재료로 매우 중요하게 사용된다. 그 대표적인 것이 바로 몰레요리인데, 몰레를 싫어하면 반역자라는 소리를 들을 정도로 멕시코인들에게 사랑을 받는 음식이다.

지방마다 만드는 방법과 재료가 약간씩 다르지만 일반적으로 고추, 초콜릿, 참깨, 아몬드, 건포도, 후추, 계피, 마늘, 양파, 토마토, 바나나 등 여러 가지 재료를 갈아 익혀 만든 몰레를 칠면조나 닭고기에 소스처럼 얹어 먹는다. 맛있는 몰레를 만들기 위해서는 오랫동안의 숙련된 음식솜씨가 필요하다.

사회계층의 구분이 심한 멕시코는 상류층은 서구화한 식생활을, 중·하류층은 전통적인 식생활을 하는 등 식생활에서도 이중적인 성격을 띤다. 멕시코 음식의 특징은 먼저 고추, 파, 마늘을 사용하므로 상당히 자극적인 매콤한 맛을 낸다는 것이다. 또한 각종 향신료를 사용하기 때문에 특이한 향을 내는 것이 많다. 주로 많이 쓰는 향신료로는 실란트로(고수의 생잎), 오레가노, 큐민 등이 있다.

실란트로는 향이 강해 처음 접하는 경우에는 거부감이 느껴지나 나중에는 이것이 들어가지 않으면 뭔가 빠진 것처럼 느껴진다. 멕시코는 천연재료가 풍부하기 때문에 이를 이용한 다양한 음식이 발달하였다. 예를 들면 호박꽃으로 수프를 만들고 호박씨는 곱게 갈아 소스재료로 쓴다. 바나나잎으로는 바비큐 고기를 싸먹고 선인장은 잘게 잘라 스튜나 샐러드에 이용하였다. 아보카도잎은 음식의 향을 내는 데 쓰고, 갖가지 허브나 버려지는 작은 풀까지도 음식의 독특한 향을 내는 데 이용해왔다.

전체적인 음식의 특징은 여러 민족, 부족들로 구성된 원주민들의 음식문화와 스페인, 프랑스 점령자들의 음식문화와 수도원 음식문화의 영향, 그 후 세계 여러 곳에서 온 이민자들의 음식문화의 영향을 받아 발전하고 완성된 역사적, 문화적 음식이라고 할 수 있다.

지형이 다양한 멕시코는 기후도 지역적으로 차이가 많다. 북부는 건조하고, 고원지대인 중부는 우리나라의 가을과 같으며, 남부 및 동부는 열대성의 고온다습한 기후이다. 이에 따라서 다양한 식재료를 얻을 수 있다. 해발 800m 지역에 펼쳐지는 대초원과 관목림지대에서는 담배, 변화, 사탕수수, 열대성 과일인 바나나, 오렌지, 파파야, 망고 등을 재배하며 온대지대에서는 커피, 냉대지역에서는 옥수수와 콩, 해발 2,500m 이상에서는 밀, 보리, 감자, 용설란 등을 재배한다. 이러한 지형적인 특성을 살려 선인장을 이용한 요리가 빠지지 않는다.

2) 멕시코의 일상식

멕시칸은 아침저녁은 간단히 식사하는 반면 점심은 푸짐하게 먹는다. 실컷 먹고 두 시간 정도 낮잠을 자는 풍습이 있다. 아침식사는 빵, 우유, 커피, 갓 짜낸 오렌지주스가 기본이고 달걀을 수십 가지의 방법으로 요리해 먹는 것이 보편화되어 있다.

알무에르소는 아침과 점심 사이 10:30~11:00시경에 먹는 식사로 샌드위치, 퀘사디야 등을 간단하게 먹는다. 멕시코에서 정식 점심 식사시간은 오후 3시경이다. 멕시코인들이 한국에 오면 점심시간에 충격 받는 것이 보통이다. 점심식사는 직장에서 먹지 않고 집에서 먹고 그 후에 낮잠까지 잔 후, 오후 5시경에 복귀를 하고 저녁식사는 8시경에 먹는다. 점심식사를 많이 했으면 저녁식사는 비교적 가볍게 한다.

거리에는 일종의 포장마차라고 할 수 있는 간이음식점이 넘쳐난다. 이 간이음식점들에서는 대개 타코나 또르타(멕시코식 햄버거)를 파는데, 멕시코 사람들은 출출할 때 이곳에서 쉽게 기름기가 많은 음식들을 사먹을 수 있다.

■ 멕시코식 빈대떡 '또띠야'

중미지역에 위치한 멕시코는 예전에는 오랜 고대문명의 도시였기도 하지만, 한편으로는 우리가 요즘 주위에서 흔히 볼 수 있는 옥수수, 감자, 토마토 같은 식품의 발상지였다고 전해지는 나라이기도 하다. 그래서인지 멕시코 음식도 세계적으로 열 손가락에 들 만큼 인기를 누리고 있다. 그 중에서도 멕시코식 옥수수 빈대떡인 또띠야(Tortilla)를 빼놓을 수 없다. 이것은 프랑스의 크레페, 터키의 케밥처럼 밀가루나 전분을 이용해서 싸먹는 요리인데 멕시코에서는 이를 이용한 요리가 아주 많이 있다.

공장에서 대량으로 만들기도 하지만 대도시를 벗어난 시골에서는 아직도 직접 만들어 먹는다. 말린 옥수수를 하룻밤 불려 우리나라 빈대떡의 녹두처럼 갈아서 만드는데 약 한 줌이면 수십 장의 또띠야를 만들 수 있다. 이 또띠야에 채소나 고기를 넣어서 말아 도시락에 넣어가기도 한다. 고추와 양파 그리고 톡 쏘는 소스를 써서인지 우리 입맛과도 잘 맞는 편이다. 하지만 멕시코 도심의 식당에는 이런 또띠야가 메뉴에는 나와 있지 않다.

■ 멕시코의 대표 술 데킬라(Tequila)

멕시코를 대표하는 술은 데킬라이다. 잔을 들고 손등에 레몬을 짜고 소금을 약간 뿌려서 마시는 술이다. 이 술에 가장 어울리는 안주는 용설란의 뿌리 밑둥에 사는 '우사노스 더 아카라'라는 벌레로. 이 벌레를 튀기면 바삭바삭해 소금만 뿌려 먹을 수 있다. 이러한 멕시코 음식들은 멕시코 어디를 가도 맛볼 수 있으며, 오랜 음식점이 많은 푸에보라나 토속적인 멕시코 요리가 일품인 베닛그라스가 그 중 대표적인 도시이다.

■ 또띠야와 응용요리

세계인의 입맛에 잘 맞아 그 수요를 늘려가고 있는 멕시코 요리의 매력은 멕시코 인디언 음식의 가장 기본적인 재료인 옥수수와 멕시코 고추이다. 멕시코의 주식은 또띠야인데, 물에 불린 옥수수를 으깬 것을 마사라 부르는데 이를 얇게 원형으로 늘여 구운 것이 바로 또띠야(Tortilla)다. 요즘은 밀가루로 만든 것도 많이 사용한다.

그 자체로는 단일 메뉴가 아니고 곁들여 먹는 소스나 다양한 내용물과 함께 식탁에 오른다. 또띠야를 이용한 요리는 아주 다양한데 우리나라에서 맛볼 수 있는 대표적인 요리가 타코, 엔칠라다, 부리또, 퀘사디야, 치미창가, 타코샐러드, 화이타 등이며 멕시코 정통이라기보다는 미국식으로 변형된 형태다.

※ 타코(Tacos)

멕시코의 대표적인 음식으로 옥수수 또띠야를 U자형으로 만들어 튀긴 후 속에 고기나 콩, 양상추, 치즈 등 좋아하는 재료를 넣어 먹는 것

※ 화이타(Fajita)

구운 쇠고기나 치킨을 볶은 양파, 신선한 샐러드와 함께 밀가루 또띠야에 직접 싸먹는 요리로 국내 패밀리 레스토랑에서 멕시코 음식 중 가장 인기가 좋은 품목이다.

※ 부리또(Burrito)

콩과 고기를 잘 버무려 커다란 밀가루 또띠야에 네모지게 싸서 먹는 것

※ 퀘사디아(Quesadillas)

넓은 밀가루 또띠야를 반으로 접어 치즈를 비롯한 내용물을 넣고 구워낸 후 부채꼴모양으로 3~4등분한 것

※ 엔칠라다(Enchilada)

옥수수 또띠야에 소를 넣고 둥글게 말아서 소스를 발라 다시 구워낸 것으로 그 위에 치즈를 얹는 등 장식을 곁들인 것

※ 치미창가(Chimichangos)

밀가루 또띠야에 소를 넣고 접거나 돌돌 말아 바삭바삭하게 튀겨 나오는 것

※ 타코샐러드

바삭바삭하게 튀겨낸 조개모양의 옥수수 또띠야볼 안에 싱싱한 각종 채소와 체다치즈, 매콤한 칠리소스를 넣은 것

■ 음식의 향미를 더해주는 소스

멕시코인들은 음식의 맛과 향을 돋우기 위해 여러 가지 소스(스페인어로 '살사'라고 함)를 이용한다. 대표적인 소스에는 다음과 같은 것들이 있다.

※ 살사 멕시카나

이 소스는 양파, 토마토, 고추와 독특한 냄새가 나는 실란트로 등을 잘게 다져서 소금과 올리브유를 넣어 만들며 매운맛이 난다. 멕시코 국기의 색인 빨간색, 흰색, 초록색을 내기 때문에 붙여진 음식은 모두 이 소스를 사용한 것이다.

❋ 몰레소스

'몰레'란 '갈다', '방아를 찧다'라는 뜻으로 고추, 초콜릿, 참깨, 아몬드, 건포도, 후추, 계피, 마늘, 양파, 토마토 등을 갈아 익혀서 만든다. 이 소스는 칠면조나 닭고기에 얹어 먹는데, 푸에블라지방의 수도원을 갑자기 방문한 대주교를 위해 수녀들이 즉석에서 만들어낸 소스로 유명하며, 지금도 푸에블라지방에서는 '몰레 축제'가 열리고 있다.

❋ 구아카몰 소스

멕시코에서 우리나라의 인삼처럼 여겨지는 아보카도를 갈아서 토마토, 양파, 풋고추 등과 혼합한 초록색의 생소스이다. 고기요리와 잘 어울린다.

❋ 사워크림 소스

새콤한 크림맛이 입맛을 개운하게 해주는 소스이다.

■ 노팔(Nopal)

식용으로 사용하는 노팔(Nopal)은 둥글넓적한 부채 선인장과인 오뿐띠아의 어린순이다. 가시 때문에 먹기 힘들다고 여겨지지만 멕시코 음식 중 노팔을 이용한 요리는 100여 가지가 넘는다고 한다. 주로 구워먹고, 삶아먹고, 장아찌를 담고, 갈아서 살사를 만드는가 하면, 분말과 캡슐로 만들어 해외로 수출하기도 한다. 요즘에는 살빼는 비누와 약품으로도 만들어져 식품류와 함께 전 세계로 수출되는 특수작물로 부상하고 있다.

■ 뚜나(Tuna)

노팔의 열매인 뚜나(Tuna)는 과일로 먹는다. 노랑, 주황, 초록, 붉은색 등 여러 가지 색깔로 솜털가시가 뭉치로 점점이 박혀 있는데 껍질을 가르면 달콤하고 시원한 과육이 나온다. 보통 날로 먹지만 음료나 과자로 만들어지기도 하고 시럽이나 잼, 식초로도 만든다. 또 석회질이 많아 음료로 마시기 힘든 물도 레몬을 짜 넣으면 안심이다. 한국의 파, 마늘처럼 멕시코에서는 레몬이 기본적인 양념이다.

■ 특별한 날의 음식

※ 동방박사의 날(1월 6일)

동방박사의 날에는 '로스카 빵'을 만들어 먹는데 빵에 조그만 인형을 넣어 이것을 발견하는 사람에게는 1년 내내 행운이 깃든다고 한다.

※ 국기의 날(2월 5일)

국기의 날에는 옥수수, 아보카도, 빨간 피망을 주재료로 만든 삼색 샐러드를 먹는다. 샐러드의 세 가지 색은 멕시코의 국기를 상징한다.

※ 독립기념일(9월 7일)

독립기념일에는 '폰체'와 '포솔레'를 만들어 먹는다. 포솔레는 옥수수 알갱이, 돼지고기 등뼈, 고기를 넣고 푹 끓이다가 고춧가루를 풀고 소금으로 간을 한 일종의 감자탕 같은 요리이다. 스페인의 지배하에 있을 때 심한 노동을 한 원주민들의 식사로 옥수수를 물에 푼 것이 바로 포솔레였다고 하여 멕시코의 역사만큼이나 슬픈 음식으로 여긴다.

※ 여러 성자의 날(11월 2일)

우리나라의 추석에 해당하는 이 날에는 해골모양의 빵, 사탕과 초콜릿을 먹는다. 성묘를 가서 그곳에서 노래를 부르고 술을 마시며 하룻밤을 보내는데, 이는 멕시코인들이 죽음을 삶의 한 부분으로 생각하며 하나의 놀이로 생각하는 낙천적인 기질을 보여 주는 예라 할 수 있다.

옥수수에 부족한 필수아미노산, 옥수수를 통해 얻는다.

멕시코의 재미있는 옥수수 이야기, 우이틀라코체(Huitlacoche)

　　멕시코를 비롯한 중남미는 수천 년 동안 옥수수를 주식으로 해왔고, 옥수수는 탄수화물과 비타민, 식이섬유가 풍부하다. 그러나 옥수수에는 중요한 두 가지 필수아미노산인 라이신과 트립토

판이 부족하다.

그렇지만 옥수수에 부족한 필수단백질을 옥수수를 통해 섭취하는 놀라운 방법이 있다.

그 해답은 바로 옥수수 곰팡이균을 가진 '우이틀라코체(Huitlacoche)' 옥수수를 일반옥수수와 함께 먹는 것이다.

우이틀라코체는 깜부기균의 일종으로 멕시코 농부들은 우이틀라코체를 오랜 세월 동안 먹어 왔지만, 미국 몇몇 주에서는 아예 법으로 박멸해야 할 병해쯤으로 간주했다고 한다. 우이틀라코체는 식물에 피는 깜부기병의 곰팡이균으로 바람을 타고 퍼진다. 그러면 종양처럼 부풀어 오르며 성장 중인 옥수수를 볼품없게 만들어버린다. 깔끔한 하얀색, 노란색, 혹은 황금빛의 옥수수 알갱이가 부풀어 올라 은빛이 도는 푸른색의 뒤틀린 덩어리로 변해버리며, 속은 시꺼멓게 된다.

그 모습이 썩 매력적이지는 않지만, 우이틀라코체는 겉보기보다 훨씬 맛있다. 옥수수 깜부기라고 불렸으나, 최근에는 시장친화적인 '아즈텍 캐비어', '멕시칸 트러플(송로버섯)', '옥수수 버섯' 등의 이름이 생겨나기도 했다. 하지만 그 수요가 증가하면서 멕시코, 미국, 캐나다의 농부들은 아예 우이틀라코체의 재배를 시도하였다. 향긋한 흙내음을 가진 우이틀라코체의 그 진한 감칠맛을 더해 주며, 음식에 이국적인 검은색이나 회색을 더해준다는 것도 점수를 받는 요인이 되었다. 멕시코 밖에서는 신선한 우이틀라코체를 찾아보기가 어렵지만, 북아메리카의 특수 식품점에서는 수확하자마자 냉동시키거나 통조림으로 만든 우이틀라코체를 구할 수 있다.

곰팡이균에 병든 옥수수를 불태워 버릴 수도 있었겠지만 멕시코인들은 슬기롭게 활용한 것이다. 우이틀라코체는 완전히 익은 후에 수확하면 건조하고 전체가 포자로 덮여 사용이 부적정하므로 미성숙 상태에서 거둬들여야 한다. 옥수수 감염 발생 2~3주 정도 지난 것이 적절한 수확시기이다. 익지 않은 우이틀라코체는 습기를 머금고 있어, 요리할 때 향긋한 버섯향과 자연의 정취를 느낄 수 있는 나무, 흙 냄새를 풍긴다.

일반 옥수수와 우이틀라코체를 함께 먹으면 라이신, 트립토판이 풍부해 필수아미노산을 보충하게 된다.

병해를 입어 종양처럼 부풀어 오른 우이틀라코체는 최근 멕시코의 최고급식당의 셰프들에게 최고 식재료로 쓰이며 일반 옥수수보다 1.5배 비싼 가격으로 판매된다.

일반 옥수수로 만든 또띠야에 양파, 우이틀라코체, 버섯, 허브를 볶아 치즈, 살사소스와 함께 내면 영양적으로도 맛과 향(흙내음, 버섯향)으로도 풍부하고 완벽한 요리가 탄생한다.

옥수수에 없는 필수아미노산 9가지 모두를 흡수하는 완벽한 조합으로 재탄생하게 되는 것이다.

이러한 필수아미노산이 부족한 곡류의 단백질을 보충해주는 조화는 멕시코에만 존재하는 것이 아니라 세계 어디서나 찾아볼 수 있다(영국에서 베이크드 빈스를 토스트에 올려먹거나, 인도에 쌀과 콩요리인 달커리의 조화, 이태리의 강남콩 파스타, 한국의 콩밥 등).

Fajita
화이타

재료

만드는 과정

*소고기
(등심, 스테이크용) 150g
*밑간
소금, 후추, 설탕, 오레가노
우스터소스, 올리브오일
1작은술씩

양파 1개
피망 1개

양파&피망 볶음소스
올리브오일 2큰술
황설탕 1큰술
피시소스 1큰술
우스터소스 1큰술
소금, 후추 약간

살사소스
토마토 1개(소)
양파 1/2개(소)
청양고추 1개
코리엔더 약간
레몬즙/설탕
소금, 후추/타바스코 약간씩

구아카몰소스
아보카도 1/2개
레몬즙 1작은술
설탕 1/2작은술
소금, 후추 약간
파프리카 파우더 약간
EX올리브오일 1큰술

사워크림/실파 약간
또띠야 적당히

1. 스테이크용 소고기는 분량 외 양념에 재워 팬이나 그릴에 구워낸다.
2. 양파와 피망은 얇게 채 썰어 팬에 오일을 두르고 살짝 볶다가 설탕, 피시소스, 우스터소스, 소금, 후추를 넣고 볶아준다.
3. 살사소스는 토마토를 잘라 씨부분은 긁어내고 잘게 다진다. 양파, 청양고추, 코리엔더는 잘게 다져 레몬즙, 설탕, 소금, 후추를 넣고 잘 섞는다.
4. 구아카몰소스는 잘익은 아보카도의 껍질과 씨를 제거해 으깬 뒤 레몬즙, 설탕, 소금, 후추, 파프리카 파우더, 올리브오일을 넣고 함께 버무린다.
5. 팬에 기름을 두르지 않고 또띠야를 여러 장 겹쳐 뚜껑을 덮고 따끈하게 하거나 전자레인지에 랩을 씌워 30초간 데운다.
6. 그릴팬에 채소볶음과 소고기를 담고, 세 가지의 소스를 또띠야와 함께 곁들여낸다.

※ 닭가슴살을 소고기 양념으로 밑간하여 구워낸 후 함께 곁들여 콤보화이타로 내어도 좋다.

Chilly Con Carne
칠리콘카르네

재료

양파 2개
마늘 2개
올리브오일 넉넉히
칠리 파우더 1큰술
홍고추 1개
큐민 파우더 1/2큰술
소금 약간
후추 약간
소고기 450g
(갈은 것 또는 얇게 저민 것)
선드라이 토마토 200g
(오일 병입된 것)

토마토 2컵
(통조림 : 다이스 or 홀)
시나몬 파우더 약간
물 1컵

키드니빈 2컵

만드는 과정

밑준비

- 선드라이 토마토는 커터기에 넣고 굵게 갈아준다.
- 양파와 마늘, 홍고추(씨 제거)는 곱게 다진다.

※ 통조림 홀토마토를 토마토 씨를 제거한 후 토마토 과육을 잘게 썰어준다.

※ 드라이토마토가 오일에 병입되지 않고 말라 있는 상태일 때는 뜨거운 물에 20분 정도 담가 불렸다가 갈아준다.

완성조리

1. 큰 냄비에 올리브오일을 두르고 양파와 마늘을 넣고 부드러워질 때까지 충분히 볶는다.
2. 1에 칠리 파우더, 다진고추, 큐민 파우더, 소금, 후추를 넣으며 볶는다.
3. 2에 고기를 넣고 갈색이 날 때까지 충분히 볶는다.
4. 3에 갈은 선드라이 토마토, 통조림 토마토, 시나몬 파우더, 물 1컵을 넣고 끓기 시작하면 뚜껑을 덮고 약불에 1시간 가량 졸인다. 키드니빈을 넣고 30분 정도 더 졸인다. 소금, 후추로 간을 더한다.

※ 취향에 따라 칠리 파우더, 큐민 파우더, 시나몬 파우더의 양을 가감한다.

쿠바

평등을 꿈꾸는 카리브해의 섬나라

중앙아메리카 카리브해 서부

수도	아바나
언어	에스파냐어
기후	아열대기후
종교	가톨릭교 85%, 기타 15%
대표음식	프리홀레스 네그로스, 아로스 아마리요, 소파 데 뽀요

1

2

쿠바의 풍경과 음식 : **1-2.** 쿠바샌드위치, **3-4.** 모히토, **5.** 바릴로체, **6.** 로피비에하, **7.** 콩그리, **8.** 블랙빈수프, **9.** 유카프리타, **10.** 아보카도샐러드

1. 쿠바의 식문화

쿠바는 미국과 남아메리카 대륙 사이에 위치하고 있으며 대서양과 카리브해를 접하고 있어 '카리브해의 진주'라는 별칭을 가지고 있다. 지형은 산악지대인 동부지역, 후벤투드 섬이 있는 서부지역, 그리고 농업이 발달된 중부지역으로 크게 나뉘어지며, 열대성 기후로 열대성 식물과 야생동물들이 많이 서식하고 있다.

역사적 이유로 오래전부터 쿠바 본섬을 비롯해 지역적으로 인구 분포는 상당히 불균형적이다. 아프리카 출신 노예들은 사탕수수 농장에서 상당 부분 기용됐지만 지금도 도시 내부에서는 소수 인구를 차지한다. 담배 플랜테이션과 땅콩 재배 인구도 많이 있다.

쿠바는 1990년대 소련이 무너지면서 화학비료와 농약을 수입할 수 없게 되자 식량부족 문제를 해결하기 위해 유기농법을 개발하였으나 자본과 기술의 벽에 부딪히고 유통과정 또한 느려서 쿠바인들은 제철음식만 먹는다.

식재료의 다양성이 부족한 탓에 육류나 유제품이 식단을 거의 차지하고 있다. 또한 쿠바는 설탕대국으로 유명한데, 이러한 식문화의 영향으로 모든 음식에는 설탕이 들어간다.

2. 쿠바의 음식

1) 쿠바 음식의 특징

쿠바요리는 스페인, 카리브해, 아프리카의 식단을 고루 갖추고 있다. 특이하게도 스페인과 아프리카식 요리법을 자국에 도입한 한편, 타국과는 다른 독특한 향취를 풍긴다. 일부이기는 하지만 중국요리의 영향이 수도 아바나를 중심으로 나타난다.

쿠바요리는 멕시코 요리와 많은 연관성이 있으며 미국과 유럽 관광객이 많아서 특히 더 다양하다. 라틴아메리카요리와 미국요리가 지니고 있는 특색과는 또 다른 요리의 세계를 가지고 있다.

(1) 서부지역

서부쿠바의 요리법은 스페인요리에 기반을 둔 것으로서 별칭으로 크리오요(Criollo)라

칭해진다. 아바나에 해당되며 대륙의 영향과 특별히 유럽지역 요리의 특색이 최근 들어 거세지고 있다.

중국계 인구가 늘어나면서 아로스 살테아도(볶음밥 일종) 등으로 소비되고 있다. 콩이나 밀가루를 이용한 요리가 많으며 올리브오일도 많이 소비한다.

크로켓요리도 상당수 존재하며 햄, 닭고기, 생선, 치즈가 상당수 포함된다.

해안지방이므로 오믈렛을 요리할 때도 달걀 외에 바나나를 비롯해 청어 등 생선요리가 많이 나타난다. 과거에는 바닷가재요리가 쿠바의 풍미를 장식했지만 최근에는 경제 침체의 영향으로 보통 사람들이 소비하기는 어렵게 됐다. 쿠바 자체의 바닷가재 시장과 그 시설이 상당히 뛰어나기는 하지만 최근의 사정이 소비시장에 미치는 영향은 상당하다.

새우를 칠리소스로 요리한 비스카이나라는 요리는 토마토소스를 사용하여 요리한 것으로 실질적으로는 대구를 이용한 바스크지방의 요리로 그 뿌리를 찾는다.

파에야나 닭고기로 요리한 아로스 콘 포요, 엠파나다 등도 쿠바 내에서 많이 소비된다. 갈리시아지방과 아스투리아스지방의 요리가 많다고 하는데 20세기 초반에 이 지역에 이민자가 상당히 많이 유입됐기 때문이다.

(2) 동부지역

동쪽 지방은 과거 토착민들이 뿌리를 내렸던 곳이므로 아프리카와 카리브해의 전통 식단에 근거한 요리가 특히 강하다. 따라서 쿠바요리 본연의 맛을 느낄 수 있다.

콘그리 오리엔탈이라는 요리는 팥과 쌀을 이용해 만들어진다. 대개 스페인의 영향을 받았던 섬나라에서는 팥이 콩보다 더 많이 쓰이는데 쿠바에서는 두 재료 모두 빈번하게 쓰인다. 쿠바요리가 콩과 상응한다는 말로 설명할 수 있을 것이다. 콩의 사용은 아프리카 출신 민족들의 영향 때문이다.

쿠바를 빼고 남아메리카에서 검은콩을 많이 소비하는 나라는 브라질뿐이다. 그렇기 때문에 브라질요리와 비슷한 점이 상당히 많은 편이다. 돼지고기로 바나나잎을 채워서 바나나와 같이 요리하는 모폰고는 닭고기나 생선을 재료로 쓰기도 한다. 도미니카공화국과 푸에르토리코에서 기타 여러 가지 음식이 많이 존재하고 있다.

2) 쿠바 음식의 종류

쿠바요리는 스페인과 아프리카, 그리고 프랑스, 아랍, 중국 및 포르투갈 문화의 영향을 받았다.

(1) 콩그리, 콩밥

전형적인 식사 중 하나는 밥과 콩과 함께 요리되거나 따로따로 요리된다. 함께 조리하면 조리법은 '콩그리', '모로스' 또는 '모로스와 크리스티아노스'로 불린다. 따로 조리하는 경우 '밥과 프리홀레스'라고 한다. 쌀과 콩은 쿠바 전역에서 볼 수 있는 재료이지만 지역마다 차이가 있다.

(2) 로빠비에하(Ropa Vieja), 쇠고기 요리

로빠비에하는 갈라진 쇠고기 요리(일반적으로 옆구리살)이다. 찢은 고기의 모습에서 그 음식의 이름을 얻은 로빠비에하는 원래는 '낡은 옷'을 의미한다.

(3) 바릴로체(Boliche)

쇠고기 로스트로 쵸리소 소시지와 딱딱하게 삶은 달걀로 채워져 있는 음식이다.

(4) 쿠바 샌드위치

쿠바의 샌드위치는 1800년대 후반에 쿠바와 플로리다 사이의 한때 열린 시가 근로자들로부터 생겨난 인기 있는 점심이다.

그 후 다른 쿠바계 미국인 공동체에도 퍼져나갔다. 샌드위치는 가볍게 버터를 바른 쿠바 빵의 베이스 위에 얇게 썬 Serrano 햄, 스위스 치즈, 딜 피클과 노란 겨자, 얇게 자른 구운 돼지고기를 쌓아 먹는다.

(5) 열대채소 유카

쿠바혁명 이전에는 미국의 영향력이 있어서, 음식은 미국요리의 영향을 받았으며, 완두콩과 아스파라거스와 같은 채소 통조림 식품은 고급음식으로 간주되었다.

열대기후에서는 쿠바요리와 식사에 사용되는 과일과 뿌리채소(예 : 유카 또는 카사바)를 생산한다.

(6) 소스

가장 인기있는 소스는 구운 돼지고기뿐만 아니라 비안다에도 함께 사용되는데, 오일, 마늘, 양파, 오레가노, 쓴 오렌지 또는 라임과 같은 향신료로 만든 모조(Mojo)소스이다. 쿠바 모조의 기원은 카나리아 제도의 모조소스에서 유래하였다. 쿠바 모조는 다양한 재료로 만들어지지만, 카나리아 제도에서는 동일한 아이디어와 기법이 사용된다. 물론 쿠바에 많은 카나리아 제도 이민자들이 있었기 때문에 카나리아섬 주민의 영향력이 강했다.

브라질

아마존을 품은 자연대국
남아메리카 대륙의 중앙

수도	브라질리아
언어	포르투갈어
기후	열대성 기후(북부), 아열대성 기후(중부), 온대성 기후(남부), 연평균 기온은 23~24℃로 4계절 구분이 뚜렷하지 않음
종교	가톨릭교 73.6%, 개신교 15.4%
대표음식	슈하스코, 페이조아다, 아사이볼

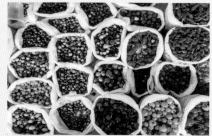

1

2

3

4

5

6

브라질의 풍경과 음식 : **1.** 아카레제, **2-3.** 슈하스코, **4.** 페이조아다, **5.** 아사이, **6.** 브리가데이로

1. 브라질의 식문화

다민족 국가답게 여러 민족 고유의 음식문화가 융합되어 있는데, 가장 오래된 뿌리를 갖고 있는 브라질의 음식문화는 단연 인디오들의 음식이다. 인디오들의 음식은 주로 북부 및 북동부 지역에서 발달했다. 식물이 잘 자라는 다습한 열대기후의 환경으로 풍부한 천연자원을 갖고 있어 원주민들은 수렵채집만으로도 먹고 사는데 지장이 없었다. 그래서 브라질 원주민들은 곡식을 재배하거나 동물사육 및 음식물 저장의 필요성을 별로 느끼지 못해 인디오들만의 음식문화는 그리 발달하지 못했고 결국 서양과 아프리카의 다양한 음식문화가 들어왔을 때 거의 대부분 소멸해버렸다.

하지만 인디오들의 풍부한 열대과일은 지금도 브라질을 대표하는 음식문화의 한 단면을 차지한다. 바나나, 오렌지, 파인애플 등 풍성한 열대과일이 대표적인데 그중 바나나는 처음에 그대로 먹다가 차차 삶아서 먹기도 하고 구워 먹기도 했다. 바나나로 만든 요리 중에서 유명한 것으로는 바나나를 말린 후 얇게 썰어서 달걀과 설탕을 넣어 삶아서 만든 파이가 있다. 현재 명맥을 유지하고 있는 인디오들의 음식문화를 살펴보면 사냥한 짐승이나 강에서 잡은 물고기를 꼬챙이에 꿰어서 구워 먹으며 양념으로는 주로 소금, 올리브, 고추, 후추, 계피 등을 사용한다.

인구의 절반 이상을 차지하고 있는 백인들의 음식문화는 가장 일반적인 브라질요리로 자리잡았으며, 초반에 가장 많이 건너온 유럽인은 포르투갈인이므로 포르투갈요리의 영향을 많이 받았다. 대표적인 것으로 대구요리를 들 수 있는데 포르투갈인들이 많이 사는 상파울로나 리오데자네이로에서는 해산물 대구요리와 달걀 감자 대구요리가 유명하다.

16세기, 사탕수수밭 노동력을 충당하기 위해 아프리카의 세네갈, 가봉, 모잠비크 등지에서 데려온 흑인들은 현재 인구의 6%를 차지하며 브라질 음식문화의 한 부분을 형성했다. 흑인 음식의 가장 큰 특징은 소금과 마늘이다. 주로 땡볕 아래서 땀을 흘리며 일해야 했던 흑인들에게 소금은 더운 지역에서 힘든 일을 할 때 염분을 보충하기 위해서 필요했고, 마늘은 열병을 막아주는 역할을 한다고 믿었기 때문에 많이 사용되었다.

흑인들이 아프리카에서 직접 가져온 식물인 덴데(Dende)는 야자수의 일종으로 그 열매에서 기름을 짜서 음식을 튀길 때 사용한다. 덴데유는 풍부한 지방분을 함유하고 있어 노동을 많이 하는 아프리카에서 온 노예들에게는 매우 귀중한 식품이다.

■ 인디오들의 식문화

브라질의 토착민인 인디오들이 현재 브라질에서 차지하는 비중은 사실상 전무한 편으로 현재 약 20~30만 명 정도가 생존해 있다고 알려져 있다. 원주민들은 포르투갈인들이 브라질을 발견했던 1500년경에는 대부분 구석기문화를 갖고 있었다. 정복자인 포르투갈인들의 식민지배가 지속되면서 설 땅을 잃게 되었으며 포르투갈인들과 함께 들어온 각종 질병에 생존을 위협받았고 이 정복자들과 전쟁을 치르면서 점차 그 인구마저 줄어든 것이다.

오늘날 브라질 정부는 국가적 차원에서 그들의 문화를 보호하고 있지만 그들의 후손 일부가 도시로 나가 새로운 문명을 접하기 시작했고 그나마 자신들의 고유한 전통과 풍습을 지키려는 인디오들마저 보호구역 내에 몰려오는 사람들 때문에 많은 어려움을 겪고 있다.

식생활에 있어서 인디오들은 주로 사냥과 채집으로 식량을 조달했으며 농업활동은 거의 없었다. 이들의 주식은 육류와 넝쿨식물의 일종인 만디오까(Mandioca)와 옥수수죽(Canjica)이나 옥수수를 뭉쳐 만든 빠몽냐(Pamonha) 등이었다. 또 이들은 매운 고추를 선호하여 매운 음식을 즐겨 먹었다.

원주민들에게는 식인 풍습도 있었다. 식인 풍습은 식량조달문제보다는 적군의 육체를 먹음으로써 그의 용맹성과 덕망을 얻게 된다는 믿음으로 이어졌으며 일종의 복수심에서 비롯된 점도 있다고 한다. 또 일부 부족은 자연사로 죽은 종족의 육체를 먹었는데 이때는 죽은 자의 가족만이 먹을 수 있었으며, 죽은 자의 덕망을 그대로 전수받을 수 있을 뿐만 아니라 죽은 자의 육체를 먹는 것을 일종의 장례방식으로 생각하는 풍습이 있었다고 한다.

2. 브라질의 음식

1) 브라질 음식의 특징

땅이 넓고 다민족 국가인 브라질은 지역과 기후, 민족에 따라 다양한 음식문화가 발달했다. 북부지역과 남부지역의 요리가 특히 대조적인데, 북부지역은 주로 원주민이나 흑인들의 영향을 받아 비교적 남미 토속문화를 지니고 있는 반면, 남부지역은 이탈리아인들이 많은 지역에는 파스타 같은 음식이 정착되었으며 독일인들이 많은 지역에서는 독일 문화를 반영한 낙농업의 영향으로 버터나 치즈 같은 음식이 발달했다.

기후와 생산물에 따라 분류하면 북동부는 건조지역으로 소를 많이 키우며, 바닷가에 인접해 있어 해산물이 풍부하고 중서부는 건조사바나기후로 민물고기와 소, 돼지가 풍부하며 작물로는 마니옥과 쌀, 옥수수 등이 있다. 리오 데 자네이루와 상파울로 등의 대도시가 있는 남부는 유럽의 이민들이 이주해와서 정착한 이후로 다양한 음식문화가 발달했으며, 특히 브라질의 대표적인 음식인 페이조와다가 유래됐다. 또한 풍부한 육류로 인하여 축제 때의 인기메뉴인 슈하스코가 생겨났다.

자체적으로 발달한 음식문화 이외에도 브라질은 세계 각국의 요리를 맛볼 수 있다는 점도 매력이다. 요즘은 국가 간의 교류가 활발해 웬만큼 유명한 세계의 요리들은 어느 곳에서나 맛볼 수 있지만 브라질은 그 중에서도 다양하고 맛있는 요리들을 만날 수 있다. 특히 커피산업과 함께 발달해 현재 브라질 최대의 도시로 꼽히는 상파울로는 포르투갈, 이태리, 독일 등 유럽은 물론 아프리카, 동양의 한국, 일본, 중국인들이 각기 타운을 형성할 정도이다.

2) 브라질의 일상식

브라질인들의 식생활을 살펴보면 아침식사는 빵, 커피, 주스에 각종 과일 등으로 가볍게 하고, 점심과 저녁에 비중을 둔다. 점심에 비중을 두는 것은 포르투갈의 오랜 식민지배의 영향이며 저녁에 비중을 두는 것은 세계적인 추세로 인해서이다. 더운 나라이다보니 일반적으로 음식이 짜기 때문에 소금을 적게 넣은 음식을 미리 주문해야 한다.

3) 브라질 음식의 종류

(1) 슈하스코(Churrasco)

브라질은 남미에서 가장 먼저 방목을 시작한 나라로, 슈하스코는 수세기 동안 브라질 남부의 카우보이나 가우쵸들이 즐겨 먹던 브라질식 바비큐요리이다. 에스페토라 불리는 1미터 남짓한 긴 쇠꼬챙이에 각종 육류와 어류, 채소를 꿰어 숯불에 돌려가며 구운 요리로, 본래 가축을 매매하기 위해 몰고가던 도중에 양식이 떨어지면 소나 돼지를 현지에서 잡아 쇠꼬챙이에 꿰어 구워먹었던 데서 유래했으며 요즘은 결혼식이나 생일 등의 행사에 빠져서는 안 되는 브라질의 대표적인 요리가 되었다.

슈하스코의 주재료로 쇠고기는 등심, 엉덩이와 가슴고기 사이, 안심, 젖가슴살, 엉덩이 부위 통갈비, 갈비살 등이 있고, 돼지 넓적다리살, 통갈비, 양고기 넓적다리 등도 많이 쓰인다. 채소구이는 양송이, 브로콜리, 피망, 토마토, 베이컨을 주로 사용한다. 이 밖에 돼지고기(70%)와 쇠고기(30%)를 섞고 마늘, 고추, 양파 등 브라질식 양념을 가미하여 창자속에 넣고 구워낸 소시지도 있다.

오늘날에는 츄라스카리아라는 슈하스코 전문점이 브라질 전역에 퍼져 있는데 이곳에서는 웨이터들이 큰 꼬치에 각기 다른 종류와 부위의 고기들을 들고 테이블마다 돌아다니면서 썰어준다. 보통 슈하스코 전문점에는 식탁에 빨간색과 초록색의 은막대가 놓이는데, 고기를 계속 먹고 싶으면 녹색 부분을 위로, 그만 먹고 싶으면 빨간 부분을 위로 가게 놓는다.

(2) 페이조아다(Feijoada)

슈하스코와 함께 브라질의 가장 대표적인 요리인 페이조와다는 흑인 노예들에게서 비롯된 요리이다. 페이조는 '콩', 와다는 '섞어서 찌다'라는 뜻의 포르투갈어로, 검은콩을 이용하기 때문에 겉모양만 보면 팥죽과 흡사하다. 노예생활을 하던 시절에 흑인들이 주인이 먹다 남은 것을 음식재료로 사용하면서 유래되었다. 돼지고기의 경우 먹지 않고 잘라내는 돼지코, 발끝, 귀 같은 부위를 주워 콩과 섞어 쪄 먹었던 데서 유래한 페이조와다는 현대 브라질의 일반 가정에서는 주말의 오찬으로 자리잡았다.

요즘은 쓰고 남은 재료 대신 다양한 건조식품들, 돼지고기, 갈빗살, 소시지, 베이컨 등의 훈제고기를 사용한다. 페이조와다는 물에 불린 콩을 하루 종일 큰 냄비에 삶으며 도중에 소와 돼지의 뼈가 붙은 고기, 소금에 절인 고기, 소시지, 베이컨, 기타 기호에 따라 돼지의 코와 귀, 혓바닥 등도 넣어 만든다.

(3) 쿠스쿠스(Cuscuz)

페이조와다와 함께 흑인 음식 중 대표적인 것으로 아프리카의 이집트와 모로코에서 즐겨 먹는 음식으로 밀가루나 보릿가루로 만들어 먹었으나, 브라질로 들어오면서 옥수수가루로 반죽해 소금을 친 다음 삶아서 야자기름을 발라먹는 형태로 변형되었다. 옛날에는 흑인 노예들이 주로 가정에서 만들어 먹었지만 지금은 공장에서 대량으로 생산해내는 대중적인 서민음식이다. 아침식사에 커피나 우유와 함께 먹기도 하고 가벼운 저녁식사에도 많이 먹는다.

(4) 엠파다(Empada)

엠파다는 호박파이와 함께 브라질의 가장 대표적인 파이이다. 토마토, 야자수 열매, 양파, 파슬리, 올리브 등을 넣어 쪄서 만든다.

(5) 칠면조요리

브라질식 칠면조요리는 칠면조에 양파, 마늘, 당근, 월계수 잎, 말린 후추 열매, 파슬리 등을 넣고 찜통에 찐 후 마늘, 올리브유, 백포도주, 카샤카(Cachaca)를 넣어서 요리한다. 브라질의 가정에서는 추수감사절이 아니더라도 자주 해먹는 요리이다.

(6) 타카가(Tacaga)

노란색의 걸쭉한 수프로 마니옥가루를 풀어 끓인 것에 말린 새우, 고추 등이 들어가 톡 쏘는 매운맛을 낸다. 브라질의 중요한 식자재 중 하나인 마니옥(Manioc)은 감자와 비슷한 작물로, 이 마니옥을 갈아서 만든 가루인 파리냐는 대부분의 요리에 들어가기도 하고 식탁에 따로 준비되기도 한다.

(7) 브리가데이로(Brigadeiro)

연유와 버터, 코코아로 작은 볼을 만들어 초콜릿가루를 묻힌 디저트의 일종으로 파티에서 빠지지 않는 음식이다.

(8) 낑징(Quindin)

브라질의 코코넛과 달걀로 만든 디저트. 마가린과 설탕, 달걀노른자를 섞어 코코넛가루, 치즈가루와 코코넛밀크를 첨가한 후 오븐에 중탕해서 만든다.

(9) 커피

18세기 초 프랑스를 통해 커피를 도입한 브라질은 이후 생산량이 계속 증가해 현재 세계 최대의 커피 생산 및 수출국으로 자리잡았다. 현재 전 세계에서 소비되는 커피의 절반 이상이 브라질 중심부의 고원지대에서 재배되고 있다. 생산지는 여섯 개의 주로 구분할 수 있는데, 땅이 넓어서 생산지별 맛과 향의 차이가 큰 편이다. 일반적으로 재배고도가 높을수록 품질이 좋으며, 해발 1,000m 정도에서 가장 좋은 품질의 원두가 생산된다. 미나스 제라이스(Minas Gerais)는 브라질에서 가장 큰 커피생산지로 전체 생산량의 약 45%를 차지하며 가장 양질의 원두를 생산하는 것으로 알려져 있다.

브라질 사람들은 카페진유(Cafezinho)라는 특이한 방식으로 추출된 커피를 마신다. 냄비에 물과 설탕을 넣고 가열해 끓기 시작하면 커피분말을 넣는다. 잘 저어준 후 불을 끄고 여과천에 부어 커피 알맹이는 걸러낸다. 이때 커피는 강하게 볶은 것을 사용한다.

(10) 삥가(Pingar)

사탕수수로 만든 브라질의 대표적인 민속주로 스트레이트로 마시기보다는 라임과 설탕을 넣은 까이삐리냐(Caipirinha)라는 칵테일로 만들어 먹는게 보통이다. 이 칵테일을 응용하여 사탕수수 대신 보드카를 넣은 것이 까이삐로스카(Caipirosca)이고 럼을 넣은 것이 까이삐리시마(Caipirissima)이다.

사탕수수가 주원료인 삥가는 자연히 사탕수수 농장이 생기면서부터 발달했고 여기서 일할 노동력이 필요했기에 아프리카로 가서 흑인 노예들을 잡아왔다. 처음에는 브라질 사람들만 즐겨 마셨으나 이 술을 맛보게 된 당시의 외국 노예상인들이 그 맛에 길들여지자 자연스럽게 거래가 성립되기에 이르렀다. 노예상인들은 사탕수수 농장주들에게 노예를 주고 그 대가로 삥가를 받아 마셨던 것이다.

칠레

세계 최대의 구리 수출국

남아메리카 서남부 태평양 연안

수도	산티아고
언어	에스파냐어
기후	위도에 따라 기후가 다양

- 북부(남위 27°~32°): 사막지대, 아열대성 기후(연평균 기온 16℃)

- 중부(남위 32°~38°): 온대기후, 여름 건기, 겨울 우기

- 남부(남위 38°~44°): 한랭기후, 강우량 풍부(연평균 기온 9℃)

종교	가톨릭교 66.7%, 개신교 16.4%, 기타 종교 16.9%
대표음식	세비체, 꾸란토, 피코로코, 페레모토

칠레의 풍경과 음식 : **1-2. 빠리야다, 3-4. 엠파나다, 5**. 까수엘라, **6**. 꾸란토

1. 칠레의 식문화

칠레요리는 16세기 스페인계 정복자들이 정착한 이후로 생겨난 전통요리와 유럽식 요리의 결합체를 칭한다. 물론 유럽의 영향이란 스페인의 영향이 절대적으로 우위에 있었지만 다양한 민족이 이민을 오게되면서 다양한 요리법과 조리방식이 생겨났고 이탈리아와 독일식 요리방식이 대중에게 인기를 얻게 되었다. 20세기에는 프랑스요리가 요식업계에 많은 영향을 주면서 칠레식 고급 음식문화가 생겨나게 된다. 칠레가 포도주로 유명한 것은 칠레 사람들이 그만큼 와인문화를 즐기기 때문이기도 하다.

칠레 자국의 지역적 특성 탓에 각 지역마다 각국의 특성을 반영하고 있으며 전문가들은 크게 세 구역을 나눠 특징을 나눠놓고 있다. 지역적 특성에는 원주민들의 영향이 크며 유럽의 영향이 컸다고는 하나 해산물, 육류 할 것 없이 바탕에는 원주민의 요리방식이 없다고 할 수 없다. 다만 후식이나 음료에서만큼은 외국의 영향이 절대적으로 큰 편이다.

국가 전체적으로 과일과 채소의 재배가 흔하다. 농산물 수입은 물론이고 수출이 많은 나라이기도 한 칠레는 다양한 종류의 농산물 만큼이나 그 요리법도 다채롭다.

- **올리브** : 유럽에서 유래한 것이지만 칠레에서 가장 흔히 사용되는 향신료이자 북부 지방에서 널리 재배된다.
- **치리모야** : 안데스 산맥의 고유종인 치리모야는 칠레 사람들이 즐기는 과일이며 아열대기후인 지역에서 잘 자란다.
- **옥수수** : 칠레에서는 옥수수를 초클로라고 따로 부르기도 하지만 마야, 아즈텍, 잉카의 세 고대 문명 이후 가장 중요한 식재료로 인식되어 온 것만은 변함없는 사실이다.
- **루쿠마** : 루쿠마는 페루가 원산지인 안데스 특산 아열대과일이다. 수세기 동안 먹을 거리로서 사랑받아 온 루쿠마는 에콰도르와 칠레 북부 해안지역에서 잘 자란다. 카로틴과 비타민 B_3가 풍부한 것으로 알려져 전 세계적으로 수출되기도 하지만 동양에서는 그렇게 유명한 과일이 아니다. 푸딩처럼 만들어 먹기도 한다.

2. 칠레의 음식

(1) 엠파나다(Empanada)

엠파나다는 남미의 대표적인 간식이다. 볼리비아, 페루 등 다른 남미 국가에서도 쉽게 찾아볼 수 있는 간식으로 다양한 재료로 응용이 가능하다. 다진돼지고기와 양파, 옥수수, 파프리카가루, 각종 향신료 등을 만두피로 싸 튀겨내는 요리이다.

(2) 포르토스 콘 리엔다스(Portos con Riendas)

칠레의 전통요리로 겨울에 즐겨 먹는 수프이다. 이름 그대로 번역하면 '콩과 고삐'라는 뜻으로 재료로 들어간 스파게티 면이 마치 말의 고삐처럼 보여 붙여진 이름이다. 파프리카가루를 넣은 국물에 콩과 호박, 스파게티 면, 돼지고기가 들어간 요리이다.

(3) 차카레로(Chacarero)

칠레식 샌드위치이다. 얇게 썬 고기에 토마토, 아보카도, 할라피뇨, 깍지콩, 센스터치즈가 들어간다. 아보카도나 깍지콩 등 남미에서 주로 먹는 재료가 포함되어 독특한 맛을 느낄 수 있다.

(4) 파스텔 데 초클로(Pastel de Choclo)

'옥수수 케이크'라는 뜻의 파스텔 데 초클로는 달콤한 디저트가 아니라 고기와 크림콘이 층을 이룬 일종의 식사 메뉴이다.

칠레식 미트파이이며, 칠레에서 주로 사용되는 큐민, 바질 등의 향신료가 듬뿍 들어가 이색적인 향이 특징이다.

(5) 모떼 꼰 우에시요(Mote con Huesillo)

말린 복숭아(Huesillo)를 설탕, 계피와 함께 넣고 끓여 차갑게 식힌 물에 껍질을 벗겨 삶은 밀쌀을 넣어 만든 음료로 복숭아가 안애 들어있는 갈색 음료는 수정과를, 음료 안에 든 밀쌀은 우리의 식혜를 떠올리게 하는 칠레의 전통음료이다.

페루

잉카 제국의 후예들

남아메리카 서부, 남태평양 연안, 칠레와 에콰도르 사이

수도	리마
언어	에스파냐어, 케추아어, 아이마라어
기후	– 리마를 포함한 바다 인근 지역(Costa) : 온난한 사막성 기후 – 안데스 산맥 이동의 산악지대 : 무덥고 비가 오는 열대성 기후
종교	가톨릭교 90.5%, 기독교 6.5%, 기타 3.0%
대표음식	세비체, 까우사, 로모 살타도, 안티쿠초, 뽀요 알 라 브라사

페루의 풍경과 음식 : **1.** 세비체, **2-3.** 꾸이, **4.** 로모 살타도, **5.** 까우사, **6.** 안티쿠초, **7.** 잉카콜라

1. 페루의 식문화

페루 음식문화의 특징은 크게 잉카족의 식생활과 고지대의 식생활 그리고 지방의 식생활로 나누어 살펴볼 수가 있다.

잉카족의 식생활은 주로 옥수수와 감자, 호박, 콩, 마니악, 고구마, 땅콩, 토마토, 아보카도 등으로 이루어져 있고 좁고 긴 해안선을 따라 있는 지역적 특성으로 물고기도 풍부하다.

고지대의 식생활은 안데스 산맥의 인디오 케추아족의 주식은 감자인데 감자를 얼렸다 녹였다 하며 건조시켜 옥수수 등을 함께 수프로 만들어 매일 먹는다.

해안지방의 식생활은 물고기를 해변의 구덩이에 저장하는 방식을 이용하여 4~7일 동안 생선을 저장하기도 한다. 특색있는 요리로는 세비체가 있다.

페루의 음식문화는 높은 산, 해변, 건조, 열대우림, 열대지역에 인디오 및 스페인 문화가 혼합된 독특한 형태를 유지하고 있다. 우리 식탁에 빠지지 않는 고추, 감자, 옥수수, 고구마, 호박, 토마토, 딸기, 파파야, 아보카도 등은 이곳이 원산지이다.

2. 페루의 음식

(1) 세비체(Ceviche)

세비체는 해산물 샐러드라고 생각하면 된다. 흰살 생선을 회처럼 잘라 채소와 함께 소스에 절여 먹는데, 열 대신 산성이 강한 레몬과 식초의 산으로 생선의 표면을 익히는 것이다. 세비체의 맛을 좌우하는 건 '호랑이 우유'라고 불리는 소스이다. 레몬즙, 고추, 생강, 마늘, 셀러리, 고수 등의 다양한 채소와 해물을 우려낸 소스는 한 모금 마시면 정신이 번쩍 들 정도로 새콤하다.

(2) 파파 레예나(Papa Rellena)

페루에서는 감자를 파파(Papa)라고 부른다. '파파'는 '아빠'라는 뜻도 있는데, 감자의 원산지가 페루인 만큼 이렇게 부르는 게 어색하지 않다. 본디 고산지대에서 잘 자라는 채소인 만큼 페루의 시장에 가면 30~40가지 품종의 감자를 구경할 수 있을 정도다. 삶은 감자를 으깨서 만두피처럼 만든 후 고기, 채소, 달걀로 속을 채운 뒤 튀겨낸 파파레예나는 크로켓의 일종이다. 페루 사람들은 간식으로 즐겨 먹는다.

(3) 잉카콜라(Inca Kola)

뜨겁고 건조한 페루에서는 콜라가 인기다. 소위 광천수라고 불리는 탄산수가 풍부한 페루의 지형적 특성 역시 탄산음료의 발달에 기여했는데, 페루에서 시작한 여러 콜라 중에 세계적인 브랜드 콜라를 제치고 1위에 등극한 것이 바로 잉카콜라다. 잉카콜라의 황금색 캔은 전설의 잉카 제국을 상징한다.

(4) 피스코(Pisco)

페루에서 대중적으로 가장 사랑받는 술이다. 흰 빛깔 때문에 한국의 소주와 비슷하다고 생각할 수도 있지만 포도를 증류해 만들었다는 점에서 화학주인 소주와는 차이가 있다. 라벨에는 으레 지명이 따라붙는데 피스코 이탈리아(Pisco Italy)라고 쓰인 술은 이탈리아 포도의 품종으로 만들었다는 뜻이다.

(5) 양고기찜

라마는 페루 현지 발음으로 '야마'라고 불린다. 안데스 고원에는 야마를 닮은 또 다른 낙타과 동물이 있으니 바로 알파카와 비쿠냐, 그리고 구아나코다. 이 4총사는 고대 안데스 사람들에게 짐 운반은 물론 우유와 털, 고기까지 제공하는 고마운 존재였다. 단, 특유의 냄새 때문에 요리할 때는 옥수수를 원료로 하는 페루의 막걸리인 '치차'에 재워 요리를 해야 했는데, 이런 요리법은 이후 양, 닭 등 다른 고기찜을 만들 때도 고스란히 적용되었다. 치차에 절인 후 향신료를 뿌린 뒤 감자와 함께 냄비에 끓여내는 양고기찜은 고단백질 요리로도 명성이 높다.

3 Africa(아프리카)

AFRICA

나이지리아 • 남아프리카공화국 • 모로코 왕국 •
에티오피아

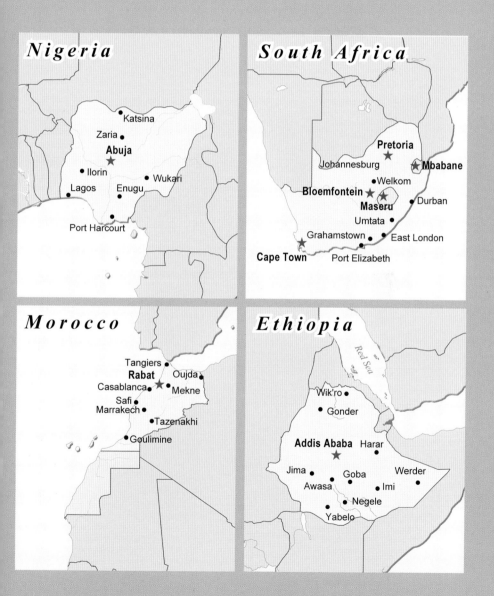

나이지리아

서아프리카의 중심국가

서부 아프리카, 기니만 연안, 카메룬과 베냉 사이

수도	아부자
언어	영어
기후	전반적으로 건기와 우기로 구분, 남부지역은 고온다습한 반면 북부지역은 고온건조한 편
종교	회교 50%(북부 위주), 기독교 40%(남부 위주)
대표음식	푸푸, 에구시수프, 졸로프라이스, 비터리프수프

나이지리아의 풍경과 음식 : **1**. 에구시수프, **2-3**. 푸푸, **4-5**. 졸로프 라이스

1. 나이지리아의 식문화

나이지리아는 허브와 향신료, 고추, 야자기름을 포함한 풍부한 식재료를 가지고 있다. 서아프리카 지역을 크게 굽어 나이지리아로 흘러들어가는 니제르(Niger)강에서 그 명칭을 따왔으며 나이지리아의 식문화에 큰 영향을 주었다. 내륙지방이나 대서양 연안에서는 담수어가 많이 잡혀 생선요리가 발달했으며, 이들의 부족한 단백질을 보충해준다. 250여 개 이상의 부족이 사는 곳인 만큼 수많은 음식문화가 생겨났지만, 아프리카지역의 공통점은 쌀, 카사바, 얌(유카), 옥수수, 밀 등의 탄수화물을 주식으로 먹는다는 점이다. 이 작물들을 말려서 가루를 만들고 밀가루처럼 뜨거운 물에 넣고 계속 저으면 한 덩어리로 뭉쳐지는데, 겉으로 보기에는 우리나라의 떡과 같지만, 실제로는 찰기가 전혀 없고 씹을수록 단맛이 난다. 이 음식을 푸푸(Fufu)라고 하며 생선이나 육류, 채소 등으로 끓인 수프와 함께 곁들여 즐겨 먹는다. 수프는 크게 붉은빛이 나는 것과 흰빛이 나는 것으로 나뉘는데, 이것은 팜유를 넣은 것과 넣지 않은 것의 차이이다. 붉은빛의 팜 열매에서 추출한 팜유는 붉은빛이 나는 것이다. 남쪽 지역의 나이지리아에서는 다양한 과일을 맛볼 수 있는데, 파파야, 코코넛, 파인애플, 오렌지, 망고, 바나나 등이 있다. 물이 귀한 지방에서 코코넛, 파인애플, 망고 등은 수분 섭취에 훌륭한 식재료이다. 이슬람인들은 술보다는 차를 많이 마시는데, 무슬림을 믿지 않는 부족들은 맥주와 증류주를 만들기도 하며 팜와인도 즐겨 마신다.

2. 나이지리아의 음식

나이지리아는 250여 개의 민족이 함께 존재하고 있어서 음식의 종류 또한 다양하다. 따라서 대표적인 음식을 말하기가 쉽지는 않다. 나이지리아인들은 식사를 여러 번에 나누어 먹으며 맵고 강한 맛의 음식을 선호한다.

(1) 푸푸(Fufu)

우리나라의 밥과 같은 주식으로 찰기는 없고 곡물이 지닌 은은한 향과 단맛이 전해진다. 아프리카지역의 여러 나라에서 먹는 전통음식이며, 주재료에 따라 라이스푸푸, 얌푸푸, 옥수수푸푸, 밀푸푸, 카사바푸푸 등이 있다.

(2) 졸로프 라이스(Jollof Rice)

졸로프 라이스는 쌀로 만드는 대표적인 연회용 음식이다. 일례로 크리스마스에는 모든 가족이 모여 식사를 하는데, 이때 졸로프 라이스는 빠지지 않는 메뉴로 치킨스튜, 구운 양고기 등과 함께 낸다. 졸로프 라이스는 다진양파를 기름에 볶다가 토마토페이스트와 자른 고추를 넣어 함께 볶는다. 그리고 밥을 넣어 볶다가 육수를 넣고, 육수가 거의 다 졸아들면 서브한다.

(3) 에구시수프(Egusi Soup)

호박씨와 호박잎으로 맛을 낸 수프로 우리나라의 된장찌개나 김치찌개 같은 존재로 인식되는 나이지리아의 대중적인 음식이다. 냄비에 팜유(Palm Oil)와 토마토소스, 해산물(또는 생선) 등을 육수와 함께 넣고 끓인다. 호박씨가루와 달걀을 섞어 페이스트 형태로 만들어 끓고 있는 해산물수프에 넣고 녹말물로 걸쭉하게 농도를 맞춘다. 그런 다음 숟가락으로 뭉쳐진 호박페이스트를 으깬 뒤 호박잎을 넣고 고루 섞으면 요리가 완성된다. 구수한 맛이며 한국인의 입맛에도 잘 맞는다.

(4) 비터리프수프(Bitter Leaf Soup)

나이지리아에 서식하는 비터리프는 이름 그대로 아주 쓴 풀이다. 약이 되는 음식은 입에 쓰다는 말처럼 비터리프 또한 건강식 식재료로 인식되고 있으며, 특히 간에 좋다고 알려져 있다. 황태처럼 말린 생선과 대가리를 넣고 국물을 낸 다음 팜유 등을 넣고 푹 끓인다. 여기에 쇠고기나 닭고기 등을 넣고 끓여도 좋다. 마지막에 비터리프를 넣고 맛과 향을 낸다.

남아프리카 공화국

세계 최대의 광물자원 보유국
아프리카 대륙 최남단

수도   프리토리아(행정), 케이프타운(입법), 블룸폰테인(사법)

언어   영어, 아프리칸스어, 줄루어

기후   내륙 지방(온대성 기후), 서부 해안(지중해성 기후), 동부 해안 (아열대성 기후)

종교   기독교(79.8%), 가톨릭교(7.1%), 이슬람교(1.5%), 힌두교(1.2%), 토착신앙(0.3%), 유대교(0.2%), 기타(17.1%)

대표음식   브라이, 부어워스, 빌통, 포이키코스

남아프리카공화국의 풍경과 음식 : 1-3. 포이키코스, 4. 부어워스, 5-6. 빌통, 7. 안티쿠초, 8. 브라이

1. 남아프리카공화국의 식문화

아프리카의 최남단에 자리하고 있는 남아프리카공화국은 인도와 교역을 하는 유럽의 상인들에게 음식과 물을 조달하는 중간 기착지로 사용되었다. 17세기경 네덜란드와 독일, 프랑스, 영국 등 유럽인들에 의해 처음 발굴되었고, 이들에 의해 개발되었다. 유럽인이 정착할 때 그들과 함께 인도인, 말레이시아인, 인도네시아인이 노동자 신분으로 유입되어 생활했기 때문에 남아프리카공화국의 음식문화를 정의하자면 '유럽과 아시아 음식문화의 융합'이라고 할 수 있다.

또한 지형적으로 대서양과 인도양을 끼고 있어 해산물이 풍부하다. 남아프리카공화국을 이야기할 때 와인이 빠질 수 없는데, 포도 재배와 와인 양조 역사는 350년 정도 되었다. 17세기 중반 유럽 상인들이 이곳에 포도나무를 심었는데, 유럽의 주요 와인 산지인 프랑스나 스페인과 매우 흡사한 기후조건을 가지고 있었기에 가능했다. 가장 남아프리카공화국답고 남아프리카공화국에서만 유일하게 생산되는 독특한 포도 품종이 있는데, 바로 피노타주(Pinotage) 종이다. 또한 슈냉블랑은 케이프타운에서 가장 인기 있는 화이트 와인 품종으로 꼽힌다.

2. 남아프리카공화국의 음식

인도 본토 외에 사는 인도인 인구가 가장 많은 곳이 남아프리카공화국인 만큼 인도에서 건너온 향신료의 영향을 받아 이를 사용한 음식이 아주 발달되어 있다. 또한 음식과 함께 빼놓을 수 없는 것이 루이보스티인데 남아프리카공화국의 가정에서는 건강을 위한 필수품으로 여긴다.

(1) 포이키코스(Potjiekos)

3개의 다리가 있는 무쇠냄비는 남아프리카공화국의 전통 조리도구 중 하나로 야외에서 스튜를 만들 때 꼭 필요한 냄비다. 즉, 더치오븐 역할을 하는 것이다. 포이키코스를 해석하면 '작은 냄비 음식'으로, 작은 무쇠냄비로 만든 음식을 일컫는 말이다. 전통적인 레시피는 고기, 당근, 양배추, 콜리플라워, 감자 등을 무쇠냄비에 담고 오랜 시간 끓이고 향신료로 맛을 낸다.

(2) 부어워스(Boerewors)

남아프리카공화국의 전통적인 소시지로 기다란 것을 둘둘 감아놓은 형태로 되어 있으며 양념이 많이 들어가 있다. 쇠고기와 돼지고기 혹은 양고기를 각종 향신료를 가미하여 소를 만들고, 모기향처럼 동글동글하게 나선모양으로 형태를 잡는다. 부어워스는 아프리카어와 독일어의 합성어로 'Boer(농부)'와 'Wors(소시지)'가 합쳐져 파생된 단어이다. 브라이요리에서는 빠질 수 없는 메뉴이다.

(3) 빌통(Biltong)

과거에 보어인들이 냉장 시설이 발전하기 전에 육류를 오랫동안 보관해두고 먹기 위해 개발된 남아프리카공화국만의 특별한 간식으로 사냥한 짐승의 고기로 만들었으며, 우리나라의 육포와 비슷하다. 식초, 소금, 설탕, 각종 향신료(코리앤더씨, 후추 등)를 섞은 것을 생고기 겉면에 바른 뒤 오븐에 넣거나 선반에 걸어두고 말리면 된다. 단백질이 응축되면서 진한 감칠맛을 낸다.

(4) 브라이(Braai)

날씨가 온화한 남아프리카공화국에서는 야외에서 바비큐를 즐기는 모습을 많이 볼 수 있다. 브라이가 바로 숯불을 피워 구운 고기, 즉 바비큐를 뜻한다. 남아프리카공화국 사람들의 삶에 녹아 있는 브라이는 남아프리카공화국에서 꼭 먹어봐야 할 음식으로 꼽힌다. 브라이의 재료로는 양고기가 최고이며 그밖에도 쇠고기, 돼지고기, 소시지뿐 아니라 해산물도 함께 즐긴다. 브라이의 맛을 배가시키는 것은 '브라이 솔트'라고 하는 소스이다.

모로코 왕국

관광자원이 풍부한 나라

아프리카 북서단

수도	라바트
언어	아랍어
기후	북부(지중해성 기후), 중부(대륙성 기후), 남부(사막성 기후)
종교	이슬람교(수니파) 98.7%, 기독교 1.1%, 유대교 0.2%(6,000명)
대표음식	타진, 하리라, 바스티야, 바그리르

1

2

모로코 왕국의 시장풍경과 음식 : **1-2**. 바그리르, **3-4**. 바스티야, **5-8**. 타진, **9-10**. 하리라

1. 모로코의 식문화

모로코는 아프리카 북서단에 위치하고 있으며, 주요 생산물인 밀, 보리, 올리브 등을 활용한 건강식과 다양한 해산물을 이용한 음식이 발달되었다. 모로코의 음식문화는 베르베르인에서부터 시작되었으며 이슬람, 스페인 안달루시아, 프랑스 등 여러 나라 문화의 영향을 받아 음식이 다양하고 다채롭다. 모로코는 1인당 차 소비량이 1.8kg으로 세계에서 차를 가장 많이 마시는 나라이기도 하다. 차 중에서도 민트차는 아침부터 저녁까지 마시고 길거리, 카페, 레스토랑에서 쉽게 찾을 수 있다. 주로 사막생활을 하는 모로코인들에게 민트차에 들어 있는 카페인과 설탕은 피로를 해소하는 에너지음료의 역할을 할 뿐만 아니라 갈증을 해소하고 육식의 기름진 맛을 제거하며 해열, 소화촉진, 진통 등에 민간요법으로도 활용된다.

2. 모로코의 음식

주재료는 양고기와 닭고기이며 대체로 과일을 함께 넣어 조리한다. 또한 음식에 샤프란, 시나몬, 생강, 후추, 파슬리, 큐민 등의 다양한 향신료를 사용하는 것이 특징이다. 요리할 때마다 그에 맞는 향신료를 음식에 넣어 요리 특유의 맛과 향을 낸다.

(1) 타진(Tajine)
모로코의 전통음식 중 하나인 타진은 고기나 생선 등의 주재료와 맛이 잘 어울리는 채소, 향신료를 곁들여 만든 일종의 스튜이다. 주로 점심, 저녁에 먹는다. 타진은 모로코식 냄비의 이름으로, 이 냄비를 이용해 만드는 요리 또한 타진이라 부른다. 타진 냄비는 납작한 바닥의 그릇과 원뿔형 뚜껑으로 이루어져 있는데, 원뿔형 뚜껑 구조 때문에 조리 시 수분과 영양분의 손실이 적고, 맛이 잘 우러난다. 그래서 타진으로는 찜 요리 등을 만든다. 고기는 닭고기, 양고기, 쇠고기 등 다양하게 사용하지만 모로코인 대다수가 무슬림이기 때문에 돼지고기는 거의 먹지 않는다.

(2) 하리라(Harira)

모로코의 전통 콩수프로 주로 이슬람교의 명절인 라마단 기간에 먹는다. 하리라는 양고기를 우려낸 육수와 병아리콩, 편두 등 2~3가지 콩과 채소를 넣어 만든 걸쭉한 토마토 수프이다. 하리라에는 대추야자와 껍질이 딱딱한 빵 그리고 우리나라 약과와 비슷한 맛의 샤바키아라고 불리는 과자를 곁들여 먹는다. 라마단 기간이 아니면 육류를 첨가해 일반적인 식사로 먹기도 한다.

(3) 바스티야(Bastilla)

모로코의 전통파이로 북아프리카지역의 비둘기고기로 만든 음식이다. '반죽'이라는 뜻을 지닌 스페인어 'Pastilla'에서 어원을 찾을 수 있다. 이 파이는 모로코인들이 특히 즐겨 찾으며 손님들이 오거나 결혼식 등 특별한 행사가 있을 때 전채요리를 대접한다. 비둘기고기, 양파, 파슬리, 삶은 달걀, 아몬드 등의 견과류 등으로 속을 채워 만든다. 얇은 반죽으로 이들 속재료들을 감싸 오븐에 구운 다음, 슈거 파우더나 계핏가루를 뿌려 낸다. 속에 들어가는 고기는 주로 비둘기고기를 사용하는데, 최근에는 비둘기고기를 구하기 힘들어 닭이나 쇠고기, 생선 등을 넣어서 만들기도 한다.

(4) 바그리르(Baghrir)

모로코식 크레이프. 건조 파스타를 만드는 세몰리나로 반죽을 하고 이스트를 넣어 발효시켜 굽기 때문에 겉에 구멍이 숭숭 뚫려 있다. 이 구멍 속으로 꿀이나 버터 등을 넣으면 속까지 맛이 잘 배어든다. 조리방법이 어렵지 않고 깊은 맛을 느낄 수 있어서 모로코 사람들 대부분이 간식으로 선호한다. 또한 영양이 풍부하고 가볍게 먹을 수 있어 라마단 기간에 즐겨 찾는 음식이기도 하다.

■ **모로코의 다양한 꼬치요리**

육류의 간-내장-고기-기름을 번갈아 꿰어 굽는 꼬치요리가 많다. 기름향이 베어 있어 풍미가 있고 맛이 좋다.

■ 메디나

이슬람 세력이 아프리카에 진출한 직후 건설된 도시로, 프랑스 식민지 때 서구화가 시작
되어 가장 현대적인 도시가 되었다. 화려한 타일 장식의 모자이크 건축물이 유명하다.

■ 모스크 주변에 메디나의 역사와 문화를 한눈에 보여주는 재래시장 '수쿠'

수쿠에는 미로같은 골목을 따라 카펫, 향수, 비단, 향신료, 골동품 상점들이 빽빽하게 들
어차 있다.

태양에 그을린 얼굴의 땅

동아프리카, 소말리아의 서쪽

수도	아디스아바바
언어	암하라어, 영어, 아랍어
기후	고원지대는 Afro-Alpine 고산기후로 연중 기온변화가 적음(평균 16~22℃). 저지대는 열대기후로 고온다습
종교	에티오피아정교(43.5%), 이슬람교(33.9%), 개신교(18.6%)
대표음식	인제라, 띱스, 테즈와인

1   2

에티오피아의 풍경과 음식 : **1-2**. 제베나, **3**. 겐포, **4**. 도로왓, **5-8**. 인제라, **9-10**. 킷포 랩랩

1. 에티오피아의 식문화

에티오피아 고원의 상부가 외세의 지배를 받은 것은 16세기에 이슬람교도에 의한 14년, 20세기에 이탈리아에 의한 5년뿐이다. 다른 아프리카 국가에 비교해 침략을 적게 받고, 3000년이라는 오래된 역사로 인해 전통성을 유지하며 에티오피아만의 독자적인 문화를 발전시켜왔다.

에티오피아는 적도에 위치했지만 고지대에 도시가 형성되어 있어 세상에서 날씨가 가장 좋은 나라로 꼽힐 만큼 쾌적하다. 그만큼 땅도 비옥해 테프(Teff : 작은 알갱이의 곡식), 보리, 밀, 콩, 꿀 등 깨끗한 자연에서 채취한 농작물이 풍성하다.

아프리카 최대의 커피 생산지인 에티오피아에서 커피 이야기는 빠트릴 수 없다. 분나 마프라트는 전통적으로 내려오는 커피 세리머니로써 하루를 시작할 때나, 찾아오는 손님들에게 대접하는 하나의 의식으로, 그들에게는 일상이다. 연장자나 젊은 여성들이 주관하여 넓고 평평한 터를 골라 푸른 풀을 깔고 윤기가 흐르는 나뭇잎 케트마를 깔고 시니(Cini)라 불리는 손잡이가 없는 작은 커피 잔들을 나무 테이블인 레케봇(Rekebot) 위에 가지런히 둔다. 주관자는 손님들 앞에서 직접 커피콩을 '쁘랏 무따지'라고 하는 작은 팬에 볶고, 나무절구를 이용해 빻아 가루를 낸 뒤 토기로 만든 전통 주전자인 제베나(Jebena)에 물과 커핏가루를 넣고 끓인다. 커피가 끓는 동안 손님들에게 빵과 팝콘을 주는데, 이는 커피 마시기 전에 빈 속을 달래는 것과 동시에 커피를 기다리는 동안 주전부리 역할을 하며, 커피가 다 끓으면 주관자가 커피 잔에 담아 전달하는데, 전통적으로는 기호에 따라 소금을 넣거나 그냥 마신다. 가끔은 속을 편안하게 하는 허브를 커피에 띄워 내기도 하며, 에티오피아에 설탕이 수입된 지는 40년밖에 안 되었으니, 설탕을 넣는 것은 아주 최근부터의 일이다. 커피 세리머니를 하는 동안 신성함을 상징하는 향료 에탄을 태워 향을 피운다. 에티오피아에서는 음식을 먹을 때도 모두 함께 모여 앉아 먹고, 하루에 한 번 이상 이루어지는 커피 세리머니 또한 이웃들 혹은 지인들과 모두 둘러앉아 즐긴다.

2. 에티오피아의 음식

한국의 밥처럼 에티오피아 밥상에 빠질 수 없는 음식이 인제라이다. '인제라(Injera)'는 아프리카지역의 나라 중 에티오피아에서만 볼 수 있는 음식으로 구멍이 숭숭 뚫려 있으며 시큼한 맛이 난다. 에티오피아의 음식을 한마디로 정의하면 '스파이시 & 내추럴'이라고 할 수 있다. 매콤한 맛을 내는 여러 가지 향신료로 맛을 낸 왓(Wat : 수많은 반찬과 소스)은 주황색 빛깔의 스튜이다.

(1) 킷포 렙렙(Kitfo Leb Leb)

현지인이 가장 좋아하는 음식으로 스테이크에 칠리로 양념해 살짝 익힌 것으로 한국식으로 표현하면 매운 육회이다. 쇠고기를 아주 약간 익히거나 전혀 조리하지 않고 미트미타 가루를 섞어 만들어 낸다.

(2) 도로왓(Doro Wat)

치킨스튜로 매콤한 맛이 한국인의 입맛과 잘 맞는다. 닭고기로 만든 대표적인 전통요리로서, 향이 첨가된 에티오피아 버터에 오랜 시간 양파를 볶고 치킨, 베르베레 향신료, 물을 넣고 푹 끓인다. 도로왓에는 무조건 달걀이 반드시 올라간다.

(3) 인제라(Injera)

에티오피아인들이 즐겨 먹는 음식으로 전통빵이다. 테프가루를 따뜻한 물에 반죽해 2~3일 실온에 두었다가 발효되면 넓은 팬에 얇게 부쳐낸 것이다. 구멍이 송송 뚫려있고 폭신하면서도 신맛이 난다. 다양한 반찬이나 소스 등과 함께 먹는다.

(4) 고멘 베 시가(Gomen Be Siga)

고멘(Gomen : 케일과 비슷한 채소)은 에티오피아에서 즐겨 먹는 채소다. 양파, 마늘, 쇠고기 등과 함께 볶다가 물을 넣고 푹 끓인 것이 고멘 베 시가이다.

(5) 테지(Tej)

다양한 꽃향기가 진하게 담겨 있는 에티오피아의 꿀은 종류가 다양하고 질 좋은 꿀을 맛볼 수 있다. 양봉산업이 발달한 에티오피아에서는 꿀로 음료를 만들거나 민간요법으로 자주 사용한다. 테지는 과거 왕족과 귀족들이 향연에서 마셨으며, 꿀과 물을 섞어 만든 전통술로 작은 유리병 '베레레(Berele)'에 담아낸다.

(6) 겐포(Genfo)

아침 대용으로 즐겨 먹는 겐포는 보릿가루를 뜨거운 물에 반죽하여 단단하게 굳힌 다음 가운데에 홈을 내어 에티오피아 버터를 녹여서 넣는다. 차를 함께 곁들이면 좋다.

■ 시즈닝

향신료와 허브 등을 첨가하여 음식의 맛과 향을 배가시키는 것으로 소금과 같은 조미료를 같이 넣어 복합적인 맛을 만들어 낸 스파이스가 주가 되는 복합양념이다. (p.86 참고)

❀ 베르베레(Berbere)

에티오피아 요리에 가장 많이 사용되는 핵심적인 향신료. 칠리 파우더, 생강가루, 마늘가루, 카다몸, 계핏가루 등 수십 가지 향신료를 섞은 것으로 살짝 매우면서 복잡 미묘한 맛이 난다.

〈베르베레〉

❀ 아와즈(Awaze)

베르베레의 페이스트 형태이다. 베르베레에 기름과 에티오피아 와인을 섞어 숙성시킨 것으로 깊은 풍미가 더해진다. 주로 고기요리에 자주 사용된다.

❀ 미트미타(Mitmita)

여러 가지 향신료가 섞여 있는 매운 고춧가루로 약간만 먹어도 매운맛이 폭발한다. 육회를 찍어 먹거나 로스트 미트에 곁들여 내기도 한다.

〈미트미타〉

❀ 빈 파우더

고소한 맛을 전하는 빈 파우더는 빈스튜나 채소스튜에 넣어 맛을 증폭시킨다.

〈빈파우더〉

❀ 머스터드 파우더

톡 쏘는 머스터드 파우더는 샐러드나 육회에 버무려 낸다.

❀ 터메릭 파우더

맛을 내기보다는 노란빛으로 색을 내기 위해 주로 사용된다.

〈터메릭 파우더〉

■ 참고문헌

강지영, 「미식가의 도서관」, 21세기북스(2013)

"나라별 정보", 「두산백과사전」, 두산동아(1997)

백지원, 「배우고 싶은 동남아요리 한 가지」, 시공사(2001)

엄익란, 「할랄, 신이 허락한 음식만 먹는다」, 한울(2011)

"우리나라 발효음식", 「식품과학기술대사전」, 광일문화사(2004)

우문호 외 4명, 「글로벌시대의 음식과 문화」, 학문사(2006)

유한나 외 3명, 「함께 떠나는 세계 식문화」, 백산출판사(2009)

이윤화 · 최정연 · 임선영, 「대한민국을 이끄는 외식 트렌드」, 다이어리R(2018)

장 마리 펠트, 「향신료의 역사」, 좋은책만들기(2005)

주영하, 「맛있는 세계사」, 소와당(2011)

최수근 · 최혜진, 「셰프가 추천하는 54가지 향신료 수첩」, 우듬지(2011)

프레드 차라, 「향신료의 지구사」, 휴머니스트(2014)

한지혜, 「터키 가정식」, 버트북스(2018)

홍익희, 「세상을 바꾼 다섯 가지 상품 이야기」, 행성B(2015)

Shahidi · Fereidoon · Spanier, · Arthur M, 「QUALITY OF FRESH AND PROCESSED FOODS」, PlenumPublishingCorporation(2004)

Tamang · Jyoti Prakash, 「Ethnic Fermented Foods and Alcoholic Beverages of Asia」, SpringerVerlag(2016)

http://achimmalaysia.tistory.com/36

http://m.agroheart.co.kr/global/show_global_fc;jsessionid=QQVLSn5MwKMZkflDgJ7GwkTJm 174Zny8gntTT0l7wyGFGvThvqQ1!-1701062528?groupCode=7&groupId=911

http://soycuba.travel/ko/news/what-is-cuban-food/

http://www.foodtoday.or.kr/news/article.html?no=91570

https://namu.wiki/w/%EC%9D%B8%EB%8F%84%EB%84%A4%EC%8B%9C%EC%95%84%20 %EC%9A%94%EB%A6%AC

■ 식문화공간 북스쿡스

서울 가회동에 위치한 북스쿡스는 음식과 문화가 어우러지는 식문화공간으로서 책이 있는 한옥카페이다. 널다란 마당을 중심으로 하늘을 올려다 볼 수 있는 도심의 여유를 찾을 수 있는 공간이며 이색적인 맛의 쿠바샌드위치, 미얀마밀크티를 즐길 수 있는 곳이다.

레바논, 이스라엘, 요르단, 예루살렘, 쿠바, 스리랑카, 발리 같은 제3세계음식을 현지인을 통한 강연과 시식, 음식축제이벤트를 정기적으로 주최하고 있으며, 사진과 음식이 함께하는 중동지역 사진전시회가 열리기도 한다. 복지사각지대에 있는 청소년을 후원하는 행사로 빵순이장터 라는 나눔 릴레이 행사도 열리는 문화공간이다.

〈본 책에 소개된 요리 중 스리랑카(스트링호퍼), 이스라엘(슈와르마, 슈와르마 샌드위치, 프티팀, 메제), 레바논(타블리, 와락이납, 카비스, 키베), 요르단(만사프, 마클루바, 크니파, 무타발), 쿠바(쿠바샌드위치, 블랙빈수프, 콩그리, 아보카도 샐러드, 유카 프리타)의 사진은 북스쿡스에서 제공하였음〉

■ (주)네이처샵 · 레몬머틀

국내에는 생소한 허브인 레몬머틀(잎에서 레몬향이 난다는 특성에 의해 통칭)의 원산지는 호주로서 호주 원주민 '부시맨'들이 먹던 전통차이자 향신료이다. 지상에서 가장 많은 레몬유를 함유하고 있어 레몬향이 나는 향신료로 주목받고 있다. 레몬머틀은 항산화, 항노화, 항균작용이 뛰어난 식물로 (주)네이처샵은 국내 입점 심시 절차를 거쳐 백화점에 런칭한 레몬머틀 대표 브랜드로 차(茶)를 비롯해 양념, 과자, 디저트류, 음료, 화장품, 비누, 영양보조식품 등에 사용한 제품을 출시하고 있다.

■ 저자 소개

임영미

대한항공 객실승무부에 근무하며 세계의 음식을 접
할 수 있었고, 본격적으로 요리가 하고 싶어 퇴사 후
일본 핫토리영양전문학교 조리사본과와 경희대학교
조리외식경영학 석사과정을 마쳤다. 이후 방송활동과
식문화·조리 강의, 직접 운영하는 쿠킹클래스 '가인
(嘉人)'을 통해 세계의 다양한 요리를 소개하고 가르
치고 있다.

대학에서 '에스닉푸드(Ethnic Food)'와 '동양조리
(Oriental Food)'에 대한 강의를 하며 교재의 필요성
을 느꼈고, 건강한 저칼로리 영양식인 에스닉푸드가
전 세계적으로 확산되고 있음에도 국내에는 식문화적
관련정보가 미진하여, 이 책을 내게 되었다.

이 책이 조리와 식문화를 전공하는 선후배들, 외식업
체에 종사하거나, 창업을 준비하는 분들, 혹은 해외여행자들에게도 외식이나
여행 시 먹어봤지만 미처 알지 못했던 식재료의 쓰임새와 효능을 알고 먹을 수
있는 실용서가 되길 바라고, 음식문화를 이해할 수 있는 교양지침서가 되길 희
망한다.

저자와의
합의하에
인지첩부
생략

에스닉푸드 이야기

2018년 10월 10일 초 판 1쇄 발행
2019년 9월 10일 제2판 1쇄 발행

지은이 임영미
펴낸이 진욱상
펴낸곳 (주)백산출판사
교 정 편집부
본문디자인 강정자
표지디자인 오정은

등 록 2017년 5월 29일 제406-2017-000058호
주 소 경기도 파주시 회동길 370(백산빌딩 3층)
전 화 02-914-1621(代)
팩 스 031-955-9911
이메일 edit@ibaeksan.kr
홈페이지 www.ibaeksan.kr

ISBN 979-11-90323-30-7 03590
값 25,000원